全国高校园林与风景园林专业规划推荐教材

PLANTING DESIGN
种植设计
LANDSCAPE

芦建国 主编

中国建筑工业出版社

图书在版编目(CIP)数据

种植设计／芦建国主编. —北京：中国建筑工业出版社，2008(2021.12 重印)

全国高校园林与风景园林专业规划推荐教材

ISBN 978-7-112-10442-0

Ⅰ. 种… Ⅱ. 芦… Ⅲ. 园林植物-园林设计-高等学校-教材 Ⅳ. TU986.2

中国版本图书馆 CIP 数据核字(2008)第 163513 号

责任编辑：陈　桦
责任设计：董建平
责任校对：刘　钰　孟　楠

全国高校园林与风景园林专业规划推荐教材
PLANTING DESIGN
种　植　设　计
芦建国　主编

*

中国建筑工业出版社出版、发行（北京西郊百万庄）
各地新华书店、建筑书店经销
北京天成排版公司制版
北京市密东印刷有限公司印刷

*

开本：787×1092 毫米　1/16　印张：12¼　字数：300 千字
2008 年 12 月第一版　2021 年 12 月第九次印刷
定价：29.00 元（含光盘）
ISBN 978-7-112-10442-0
(17366)

版权所有　翻印必究
如有印装质量问题，可寄本社退换
（邮政编码 100037）

《种植设计》教材编委会

主　编：芦建国（南京林业大学）
副主编：苏同向（南京林业大学）
参　编：祝遵凌（南京林业大学）
　　　　张鸽香（南京林业大学）
　　　　赵警卫（中国矿业大学）
　　　　刘志强（苏州科技学院）
　　　　张　果（西北农林科技大学）
　　　　杜灵娟（西北农林科技大学）
　　　　刘国华（江苏农林职业技术学院）
　　　　张昕欣（河北省林业局）
　　　　胡　俊（武汉生物工程学院）

前言

科学技术的日新月异和经济的蓬勃发展，给人类社会带来了前所未有的辉煌、灿烂。然而，人类在利用自然和改造自然的同时，也在破坏着赖以生存的自然环境。因此，人们越来越注重追寻自然、崇尚自然，"引入自然"、"回归自然"、"保护自然"、"再创造自然"已成为现代园林发展的趋势。在这种趋势的影响下，植物作为造园的一种素材被重视并大力推广。利用植物来创造优美的景观，改善人类居住的环境，满足人类对生活美、自然美、艺术美的追求，使得人与自然和谐共生、发展，这就是植物种植设计的重要意义。

植物种植设计就是运用乔木、灌木、藤本以及草本植物等园林植物素材，按照一定的设计原则，综合考虑各种生态因子的作用，同时注重与周围环境相协调，充分发挥植物本身的形态、线条、色彩等自然美，来创造优美的园林风景。

本书分为总论和各论两部分。总论以植物学、规划设计、美学等多学科交叉融合为基础，介绍了园林植物种植设计原理、设计基本形式、设计内容、设计程序以及图纸绘制，各论分别介绍了城市公园、居住区、道路、广场的种植设计内容。

全书围绕植物种植设计与应用的各个方面进行阐述，既有综合性的论述，也有针对不同环境应用植物种植设计的分别介绍。全书资料翔实，图文并茂，以理论为引导总结了诸多实践经验，同时加附光盘展示植物种植设计图片380张，常用园林植物600种图片，大部分图片为作者平时学习工作亲自拍摄的素材，反映了近年来园林植物种植设计的发展情况，突出了时代性、实用性和技术性。编写时参阅了许多相关文献资料及书刊、网络资源，由于编写时间长，参与人数多，无法一一列举来源，在此谨对各位专家、学者表示深切的谢意。此外，参加本书有关选图、绘图、编排校正等工作的，还有李舒仪、丁海昕等研究生，在此一并致谢。

由于编者学识有限，书中不妥之处在所难免，恳请各位读者提出宝贵意见。

编 者
2008 年 6 月

目录 contents

第1篇 总 论

第1章 绪论 3
1.1 种植设计的概念、意义及国外发展动态 3
1.2 中国园林植物种植设计的现状 6
1.3 中国古典园林植物种植设计风格的形成 8

第2章 园林植物种植设计原理 13
2.1 园林植物类别 13
2.2 园林植物种植设计的生态学原理 15
2.3 园林植物种植设计的空间构成原理 20
2.4 园林植物种植设计的美学原理 24

第3章 园林植物种植设计基本形式 31
3.1 孤植 31
3.2 对植 34
3.3 列植 35
3.4 丛植 36
3.5 群植 42
3.6 林植 45
3.7 绿篱 47
3.8 花坛 55
3.9 花境 68

第4章 园林植物种植设计内容 76
4.1 园林植物种植设计的艺术手法 76
4.2 种植设计中植物尺度的应用 80
4.3 种植设计中植物外形的应用 84
4.4 种植设计中植物色彩的应用 87
4.5 种植设计中植物质地的应用 89

目录 >02 contents

第5章 园林植物种植设计程序 92
- 5.1 设计准备阶段——规划前必须考虑的要素 92
- 5.2 设计构思阶段——提出初步的设计理念 94
- 5.3 设计创建阶段——制定完整的种植计划 95
- 5.4 园林植物配置的要点总结 96

第6章 园林植物种植设计图纸绘制 97
- 6.1 植物景观设计图纸的组成部分 97
- 6.2 植物绘图表现方法简介 98
- 6.3 植物种植设计图纸的类型 99
- 6.4 计算机在园林植物种植设计图纸绘制中的应用 100

第2篇 各 论

第7章 城市道路、广场的种植设计 105
- 7.1 道路植物种植设计营造基础 105
- 7.2 城市道路的植物种植设计与营建 107
- 7.3 高速公路种植设计 116
- 7.4 城市广场的植物种植设计 122

第8章 城市公园的种植设计 127
- 8.1 概述 127
- 8.2 综合性公园的植物种植设计 128
- 8.3 植物园的植物种植设计 134

第9章 居住区、厂区绿地种植设计 139
- 9.1 居住区绿地种植设计 139
- 9.2 厂区绿地种植设计 144

附录：种植设计常用树种和花卉 148

参考文献 190

第1篇 总 论

第 1 章 绪 论

在室外环境的布局与设计中,植物是一个极其重要的素材。在许多设计中,风景园林师主要是利用地形、植物和建筑来组织空间和解决布局问题的。植物除了作为设计的构成因素外,它还能使环境充满生机和美感。

尽管植物蕴含着许多功能,但不少外行和设计人员却仅仅将其视为一种装饰物。结果,植物在室外空间设计中,往往被当作完善工程的最后因素。这种无知、狭隘的思想表现在,为了"打扮"建筑,将植物种植在屋基四周或作为小型商业建筑的基础种植,基础种植便成了典型的建筑设计的陪衬物。如今,昔日用来掩盖屋基的基础种植,在装饰方面已经过时。

然而,对植物作用所采取的态度,依然影响着人们对园林专业的印象和认识。许多外行,乃至于一些专业设计人员,至今仍将园林学科简单地理解为借助植物材料进行装饰性设计而已。这种态度必然导致这样一种观念,即室外空间设计只不过是以赏心悦目的方式来安排植物。于是,园林师被误认为是植物问题的专家,精通栽培技术、立地条件、生物学习性、病虫害防治以及植物在景观中的装饰作用等。常见的情形是,当某人被人们知道是园林师时,人们第一反应便是询问他何处可以种自己所喜爱的花木,或请他分析某一灌木叶黄和落叶的原因。园林师的主要专业职责也被认为仅是"绿化",该词在专业内外均被误解为是"植物布置"或"种植设计"的同义词。但实际上,"绿化"一词意义狭隘,它决不可以用来代替园林学。

对植物在景观设计中重要作用的不正确看法,应归咎于对本专业知识的全然无知,以及对园林学和园艺学两个概念的混淆。此外,有些专业人员的思想仍然停留在早期的园林设计,偏于运用植物材料作为设计主元素进行庭园设计。然而,今天园林专业的范围比之更为广泛,它的职业范围是对所有不论规模大小的土地资源进行规划布局。由于这种广泛的联系,作为重要设计要素的植物,也被园林师用作满足环境效应的重要工具之一。而植物不仅是装饰要素,而且在园林设计中有与其他要素同等的甚至有更大价值的功能作用。

风景园林师的植物知识,在于对所有的植物功能有着透彻的了解,并熟练地、敏感地将植物运用于设计中。这就要求园林师通晓植物的设计特性,如植物的尺度、形态、色彩和质地等,并且还要了解植物的生态习性和栽培。当然,对于风景园林师来说,勿需精确知道植物的细节,如芽痕的形状、叶柄的大小或叶片的锯齿状等。风景园林师也不必成为一个植物栽培学家,这些乃是园艺师和苗圃工人的本行。风景园林师的智慧应闪烁在通晓植物的综合观赏特性,熟知植物健康生长所需的生态条件,以及对植物所生长的环境效应方面的了解。

1.1 种植设计的概念、意义及国外发展动态

1.1.1 种植设计的概念及意义

园林植物种植设计是园林绿化以及园林景观营造的基础。它是根据园林布局或空间整体规划的

要求，对植物进行合理的配置，综合了美学、生态学以及经济学等各个方面，使植物能发挥出它们的园林功能，充分展示出它们的观赏特性，有效地进行环境的美化与绿化。在种植设计中，植物作为造景的基础材料和基础单元，正如同颜料之于画布，如何配置才能最合理、最美观、最经济，并达到整体空间的规划要求，这需要从各个环节做大量细致的工作。

现代园林的概念和起始时间一直是大家关心的问题。在园林界常遇到两种意见：一种以美国公园运动的兴起为标志，并把奥姆斯特德（F·L·Olmsted, 1822~1903年）尊称为现代园林之父；另一种认为经历了"现代运动"之后，伴随着现代绘画、现代雕塑和现代建筑的兴起而产生的新园林才是现代园林。尽管这两种观点在现代园林的起始时间上并不一致，但有一点是相同的，他们都考虑到了现代社会对园林发展的影响。实际上，现代科学、现代艺术或现代生活的发展并不完全同步，因此，把现代园林作为一个逐渐形成的概念，与此相对应的种植设计也应该有这样一个变化的过程，较早是生态学和植物科学的引入，使种植材料的选择和种植设计的形式与结构发生了一定的变化；然后是受现代艺术、功能主义等的影响，种植的形式与结构发生了更为深刻的变革；审美意境的重视程度在近百余年的历史上时起时伏，而在20世纪70年代以后明显得到了更多的推崇。由于园林是一门综合性和应用性学科，所以现代园林种植设计的发展始终与其他有关学科的发展紧密相连，并表现出理论和实践相互促进的特点。

1.1.2 国外发展动态

18世纪60年代以英国为首的西方发达国家开始了划时代的工业革命，城市化进程迅速加快。1800年，世界城市人口只占总人口的3%，1900年已达13.6%，而1925年这个数字上升到21%。城市的快速发展繁荣了经济，促进了文化事业的进步，同时也带来了大量的社会和环境问题；同时期，生物学、博物学等科学迅速崛起，大机器生产对传统手工业和工艺产生了巨大的冲击，人们面临着一个新的世界。在问题和科学技术的双重催化下，19世纪初开始出现了包括种植设计在内的一系列新思想和新方法，导致了传统园林种植的部分变革。

18世纪中叶，现代城市公园开始产生。起先是部分私园对公众的开放，而后开始有新建的公园，如在1804年出现了德国设计师斯开尔（Friedrich udwig von Sckell, 1750~1832年）在德国慕尼黑设计的面积达366km^{2}的"英国园"（Englischer Garten）。1854年，奥姆斯特德主持修建了纽约中央公园（图1-1、图1-2）。此后在美国掀起了一场声势浩大的公园运动，并逐渐影响到了世界其他各地。这时期园林种植形式上虽然主要是沿袭自然式风景园的外貌，但在设计思想和植物群落结构上明显有了更多的生态意识和相应的措施。考虑到城市化带来的原生态植被的急剧退化，延斯·延森（Jens Jensen, 1860~1951年）等一些美国景观设计师从19世纪末就开始尝试在花园设计中直接从乡间移来普通野花和灌木进行种植设计；1917年，受中西部草原派设计和现代生态学思想的影响，美国景观设计师弗莱克·阿尔伯特·沃（Waugh Frank Albert, 1869~1943年）提出了将本土物种同其他常见植物一起结合自然环境中的土壤、气候、湿度条件进行实际应用的理论；荷兰的生物学家蒂济（Jaques Pthijsse, 1565~1945年）也从20世纪20年代起就开始了自然生态园的研究和实践；荷兰的一些生态学家还在布罗克辛根（Broekhungen）建造了一所试验性生态园，一座试图让植被自然发育的园林；伦敦的威廉·柯蒂斯（William Curtis）生态公园则建在建筑密集的住区里，该园尝试着观察在城市环境下动植物的生长。

图 1-1 纽约中央公园 I

图 1-2 纽约中央公园 II

19世纪末和20世纪初，园林种植在形式上有了一系列有意义的探索：如英国园林设计师鲁滨逊(William Robinson，1838～1935年)主张简化烦琐的维多利亚花园(图1-3)，满足植物的生态习性，任其自然生长；英国园艺学家杰基尔(Gertrude Jekyl，1843～1932年)和路特恩斯(Edwin Lutyens，1869～1944年)强调从大自然中获取灵感，并大力提倡以规则式为结构，以自然植物为内容的布置方式；新艺术运动中的重要成员，德国建筑师莱乌格(Max Laeuger，1864～1952年)主张抛弃风景的形式，把园林作为空间艺术来理解等。尽管因为社会的发展

图 1-3 维多利亚花园

未到一定阶段或由于园林种植在当时主要被看成是一种园艺或生态环境(Mare Treib，1991年)，这些变革在当时还没有形成燎原之势，但他们的努力为其后园林形式上的革新作了必要的准备。随着现代艺术、现代雕塑和现代建筑在革新上的巨大成功和广泛影响，1930年前后园林设计也终于发生了显著的变化，首先是实践上的突破，如在巴黎"现代工艺美术展"上展出的"光与水的庭园"(Gabriel Guevrekian，1925年)、建在美国西部的"公共图书馆露天剧场"和"蓝色的阶梯"(Fletcher Steele，1938年)等明显受到了现代艺术的影响，开始用抽象艺术的方法进行植物种植；其后，陆续有理论上的总结与研究。虽然在我们阅读过的文献里，将近百年来园林种植设计发展作为一个专题进行系统研究的论文并不多，但以园林种植设计为主题，并明显带有现代研究思想的论著

却并不少见。如 Planting design(Florence Bell Robinson, 1940 年)、Tree in urban design(Henry F. Arnold, 1993 年)和 The Planting Design Handbook(Nick Rohinson, 1992 年)等。与此同时,许多设计师在介绍他们的设计项目或思想的时候对种植设计的理论与方法也经常进行讨论。如埃克博针对当时植物空间设计很少考虑使用功能的状况提出了自己的见解,即"有必要把它们(植物)从团块里分出来,根据不同的使用目的、环境、地形和场地内已有的元素而安排成不同的形状。所采用的技术将会比传统的设计更复杂,但是,我们因此而获得了有机组织的空间,人们可以在那里生活和娱乐,而不只是站立和观看"(埃克博,1939 年)。这些文章所论及的思想和方法展示了现代园林种植设计与时俱进的轨迹、伟大的创意和解决问题的能力,是留给人类的一笔宝贵财富。

20 世纪 40~60 年代是建筑上现代主义的黄金时代。种植设计虽然没有狂热地追随,但布雷·马科斯(Burle Marx, 1909~1994 年)、托马斯·丘奇(Thomas Church, 1902~1978 年)等大师在园林设计形式和功能上的革新却明显受到现代建筑的影响,带有现代主义的特征[玛莎·舒瓦茨(Martha Schwartz), 1990 年]。20 世纪 70 年代随着环境运动的诞生,生态问题成了社会关注的焦点,"保护和凝聚,保存和过程占据了统治地位"(Warren Byrd, 1999 年)。受景观设计师伊恩·麦克哈格(Ian McHarg 1920~2001 年)著作《设计结合自然》的影响,种植设计开始更多地关注保护和改善环境的问题。几乎与此同时,随着"后现代主义"的兴起,文化又重新得到重视,玛莎·舒瓦茨的"城堡"广场、G. Clement 和 A. Provost 等人的巴黎雪铁龙公园的种植设计明显具有了更多文化的意味(图 1-4)。20 世纪 80 年代以后,整个社会开始意识到科学与艺术结合的重要性与必要性,种植设计在创作和研究上也反映出更多"综合"的倾向。如《Planting Design: A Manual of Theory and Practice》(Nelson, 1985 年)、《Landscape Design With Plants》(B. Clouston, 1990 年)、《Planting the Landscape》(Nancy A. Leszczynski, 1999 年)等著作的共同特点是强调功能、景观与生态环境相结合。

图 1-4 巴黎雪铁龙公园

1.2 中国园林植物种植设计的现状

种植设计在我国有多种叫法,如 20 世纪 50 年代初称"绿化"(陈俊愉,1958 年);也有人称之为植物"配置"(程志瑜,1959 年);20 世纪 60 年代开始出现"种植设计"这一概念(孙筱祥,1964 年);但此后的各种文献里却主要应用"植物配置"这个词,如《杭州园林植物配置》(朱钧珍等,1981 年),"苏州园林中植物配置的特点"(庞志冲,1987 年),"绿地植物配置探索"(欧阳加兴,1998 年)等;1987 年,吴诗华较早使用了"种植设计"这个名词。1994 年,苏雪痕出版了《种植设计》专著,并提出了种植设计的概念:"种植设计就是应用乔木、灌木、藤本及草本植物来创造景观,充分发挥植物本身形体、线条、色彩等自然美配置成一幅幅美的、动人的画面,供人们观赏"。此后,这一名词广为流传。

在我国种植设计的现实中有两种观点和做法并存：一种是重园林建筑、假山、雕塑、喷泉、广场等，而轻视植物。某些偏激者认为中国传统的古典园林是写意自然山水园，山水便是园林的骨架，挖湖堆山理所当然，而植物只是毛发而已。另一种观点是提倡园林建设中应以植物景观为主，认为植物景观最优美，是具有生命的画面，而且投资少。

同时在实践中有两个争论的问题：

1.2.1 常绿树与落叶树的比重问题

各国行道树的情况：日本东京由政府公布的 13 种优良行道树中只有一种黑松(Pinus thanbergii)是常绿树。英国休德尔(R. Sudell)推荐的 18 种优良行道树全部是落叶树。美国阿诺尔树木园出版的《行道树》一书中，提出 109 种和变种为落叶树，17 种为常绿树，但指明只用在屏蔽某些不美观的部分。印度兰德霍 (M. S. Randhawa)介绍了印度常见的行道树 9 种，其中 4 种是落叶树(热带树木落叶后很快即发芽生长)。

1.2.2 乡土树种与外来树种的比重问题

对于此问题，现阶段专家的一致看法是：一方面加强本国观赏植物的引种驯化工作，大力开展调查、采集、栽培试验及推广，充分发掘我国丰富的植物资源。另一方面也应慎重地引种国外的名贵观赏植物，加速我国的园林建设，改变当前植物种类贫乏的现状。

我国在 20 世纪 50~60 年代新中国建国初期，种植设计上主要强调大面积绿化和绿化结合生产。但在老一辈园林工作者的努力下还是出现了许多优秀的种植设计作品，如北京紫竹院公园(图 1-5)、广州流花湖公园(图 1-6)和杭州花港观鱼公园(图 1-7)等。在理论上也有一系列成功的探索，如在当时的北京林学院(现北京林业大学)"城市与居民区绿化"专业的教学中已开始有种植设计的专题。20 世纪 80 年代我国开始实行改革开放，生活水平逐渐提高，园林事业也日益繁荣。1984 年，《杭州园林植物配置》一书的面世标志着我国种植设计研究达到了一个新的高度。此后，20 世纪 80 年代后期提出了生态园林的概念。20 世纪 90 年代上海率先开展了生态园林研究，并总结了观赏型、环保型、保健型、知识型、生产型、文化型和文化娱乐型等七种建设类型(程绪珂，1993 年)。20 世纪 90 年代末，北京市园林科研所的"北京城市园林绿化生态效益的研究"课题(陈志新等，1999 年)科学地分析了植物景观的生态效益，测定了近百种植物的环保效应和环境适应性，并提出了不同环境下 48 种植物的种植结构方式，为园林种植在生态方面的发展做出了新的贡献。

图 1-5 北京紫竹院公园

图1-6 广州流花湖公园

图1-7 杭州花港观鱼公园

从20世纪90年代初开始，西方现代园林的思想和经验开始介绍到国内，但大多是个例或片段的内容，如《巴西当代杰出的造园家——罗贝尔托·布尔莱·马尔克斯》（林言官，1990年），《关于园林与现代主义的讨论》（玛莎·舒瓦茨等著，漆树芬译，1995年）和《西方现代园林设计》（王晓俊，2000年）等，直到《西方现代景观设计的理论和实践》（王向荣，2002年）一书的出版才有了系统性的总结。该书在介绍、分析多位西方现代园林设计大师作品和思想脉络的同时，对他们在种植设计上的创意也作了一定的阐述与分析，为研究现代园林种植设计开启了一扇大门。

1.3 中国古典园林植物种植设计风格的形成

园林种植设计是天巧和人工的合一，一方面它以植物体有生命的自然物为对象，必须考虑生态特点、植物特征、季节变化等自然因素；另一方面，是为人营造一种理想的人居环境，它也必然要反映人的要求、人的情感和人的理想。因此，园林种植设计要同时处理好两方面关系：一是与自然的关系，二是与社会文化的关系。

传统园林种植设计理念是中国古代文化思想以及中国人的自然观和社会文化观的折射和反映。中国古代占主流的自然观是"天人合一"，古人认为"人"和"天"存在着一种有机联系，强调人与自然的和谐统一。"道"是中国古代哲学的重要范畴，古人认为"道"是存在于自然界和人类社会中的普遍规律，世界万物均遵循"道"而变化发展，提出了"人法地，地法天，天法道，道法自然"。道的哲学思想影响了中国人对艺术创作的基本态度，"文以明道"成为艺术创作的普遍宗旨。

传统园林种植设计正是在"天人合一"和"文以明道"两大理念的指导下处理和自然、社会文化的关系，由此发展出一系列理性和浪漫交织的设计理法，并最终形成了中国传统园林种植设计的两大特色：妙造自然的外形和丰富的人文思想内涵。

1.3.1 天人合一

季羡林先生在《人文地理学和天人合一思想》一文中写道："此'天人合一'命题正是东方综合思维模式的最高体现，是人与自然合为整体，而人与其他动物都包括在这个整体之中。"张岱年先生也认为："中国古代的'天人合一'思想，强调人与自然的统一，人的行为与自然的协调，道德理性与自然理性的一致，充分显示了中国古代思想家对于主客体之间、主观能动性与客观规律性之间关系的辩证思考……这种思想长期实践的结果,是得到自然界与人的统一,人的精神、行为与外在自然的一致,自我身心的平衡与自然环境的平衡的统一,以及由于这些统一而达到的天道与人道的统一,从而实现了完满和谐的精神追求。"(张岱年,1994年)。

"天人合一"的哲学命题对中国传统园林的发展有重要影响。园林艺术理论作为整个传统文化体系中的有机组成部分,其设计理念和古代哲学思想息息相关。(明)计成在《园冶》中总结的"虽由人作,宛自天开"被公认为是中国园林艺术的总纲领,也是园林创作者追求的最高境界和评价园林艺术的标准,而这一至关重要的园林艺术总则正是"天人合一"哲学思想在园林创作方面的反映。

中国传统园林不满足于纯粹的自然环境或纯粹的人工建造物,而是要创造两者结合的艺术形象,这是中国传统文化和其派生的园林艺术所特别强调并赖以形成鲜明艺术风格的重要观念。在处理人与自然关系的时候尊重自然,但也注重发挥人的主观能动性,提出"景物因人成胜概"和"巧夺天工"(图1-8)。孟兆祯先生在论述这一问题时说:中国园林"经过人的艺术创作活动,要比纯自然的环境还要理想。"因此李泽厚先生称中国园林"经过人的艺术创作活动,要为'人化自然'"(图1-9)。

图 1-8 巧夺天工

图 1-9 人化自然

"天人合一"理念直接影响了传统园林种植设计。在理景原则上,它表现为种植设计尊重自然,并通过创造一种"人化自然",把自然环境、园林景观和人的生活融为有机整体;在理景手法上,它"源于自然,高于自然"的种植设计理法,把"天巧"和"人工"巧妙地结合起来;在形式上,种植设计注重自然美和艺术美的融合。可以说,"天人合一"理念是传统园林设计的根本理念,它贯穿于种植设计之始终。

1.3.2 文以明道

道,是中国传统哲学范畴的基础,它贯穿于整个哲学史历程,并已成为中国传统思维特征、价值观念、整体学术思想的渊源。文以明道是中国艺术一直以来遵循的基本创作宗旨，是道的哲学思想在艺术创作领域的具体反映，对中国传统艺术民族特色的形成和发展有着根本性的影响。"文以明道"的中心问题是艺术创作形式和思想内涵的关系，在中国古代，对此问题的讨论一直是艺术尤其是文学中的热点，其观点深深地影响了艺术创作的方向。

"文以明道"的发生、发展和道的哲学观、美学观是分不开的。道的哲学思想可以追溯到春秋时期儒家和道家学说。儒道两家都谈论道，但侧重点各有不同。儒家"志于道、据于德、依于仁、游于艺"中的"道"侧重于"人道"，即治国之道和个人修养之道。真正鲜明地提出"文以明道"理念的是唐代的古文运动领袖韩愈，他在《争臣论》一文中提出"修其辞以明其道"的观点。此后柳宗元等人也大力提倡文以明道，强调文与道的统一、形式和内容的统一、审美和教化的统一。在中国传统文化中，有美的形式却没有思想的作品被认为"缺乏文化底蕴"，有思想但没有好形式的作品被认为"辞不达意"，这两者都不是理想的艺术作品。一个成功的作品是"修其辞以明其道"的，是美的形式和思想的完美统一，这一点是中国传统艺术的基本创作宗旨。

如果说"天人合一"理念重在强调种植设计与自然的关系，那么"文以明道"理念则强调与人类社会文化的关系。"文以明道"理念要求种植设计体现社会文化思想，把植物的自然美和人文美结合起来。

"以景象反映哲学观点和传统思想，是中国园林区别于他国园林的主要特征之一"（孟兆祯，1989年）。在中国古代，"文"的含义很广，王充称："物以文为表，人以文为基"（《论衡·书解》），在这里物之"文"就是形式景象的意思。在种植设计中，"文"就是植物景象，"道"就是哲学观点和文化思想。植物景象中蕴涵的"道"可以分为两类，一类是儒家之道，反映在美学上就是社会美和人格美，在植物审美上强调美善结合。另一类是道家之道，反映在美学上就是自然性情美，在植物审美上强调美在自然，美在去饰求真。无论是哪一类美，都是植物被"人文化"的结果。是"原来并不具备'情'的植物，通过'迁想'和'移情'的作用使之神形皆备，情景交融，达到尽可能的完美"（孟兆祯，1989年）。在中国传统园林中，植物不是仅仅具有美丽外形的自然物，也是具有情感、性情、志趣的精灵，是自然美和人文美的统一。种植设计也就不仅仅要把握植物生态属性、外形美学特征，也要表现植物的"性情"，并因此抒发情感、表达思想。

同时，这种人文美不是生硬地附加在植物之上的。所谓"修其辞以明其道"就是艺术形式美和思想内涵美的结合要合情合理，就是要通过种植设计艺术手法，使观者自然而然地从美的形式中体会到美的思想，从而实现"对内足以抒情，对外足以感人"，正如颐和园"画中游"对联所称："境自远尘皆入咏，物含妙理总堪寻"。通过遵循文以明道理念，中国传统园林植物景观呈现情景交融的特点，使植物之美变得更加意味深长。

1.3.3　中国古典园林植物种植设计风格的形成

作为传统园林艺术的有机组成部分，种植设计也蕴涵着丰富的内容。和西方园林种植设计经常讨论生态学理论、植物色彩、质感等不同，传统园林种植设计更注重整体关系、文化内涵、意境等内容，它追求自然美和人文美的协调统一。园林植物的景观艺术，无论是自然生长或人工的创造（经过设计的栽植），都表现出一定的风格。

中国园林的基本体系是大自然，园林的建造以"师法自然"为原则，其中的植物景观风格，也就当然如此。尽管不少传统园林中的人工建筑比重较大，但其设计手法自由灵活，组合方式自然随意，而山石、水体及植物乃至地形处理都是顺其自然，避免较多的人工痕迹。中国人爱好自然，欣赏自然，并善于把大自然引入到我们的园林和生活环境中来。

一曰：借自然之物。

园林景物直接取之于大自然，如园林四要素中的山、石、水体、植物本身都是自然物，用以造园，从古代的帝王宫苑直至文人园林莫不如此，如果"取"不来，则要"借"来，纳园外山川于园内，作为远望之园景，称为"借景"（图1-10）。

二曰：仿自然之形。

植物配置首先是要仿自然之形，如"三五成林"就是以少胜多，取自然中"林"的形，或浓缩或高度概括为园林中之林，三株五株自由栽植，取其自然而又均衡，相似而又对比的法则，以求得自然的风格（图1-11）。

图1-10 借自然之物

图1-11 仿自然之形

在中国的传统园林中，极少将自然的树木修剪成人工的几何图形，即使是整枝、整形，也是以自然式为主，一般不作几何图形的修剪。

三曰：引自然之象。

中国园林的核心是景，景的创造常常借助大自然的日月星辰、云雾风雪等天象（图1-12）。如宋代林逋所描写的"疏影横斜水清浅，暗香浮动月黄昏"的配置梅花的高雅风格，就是以水边栽植梅花，借水影、月影、微风来体现时空的美感，创造出一种极为自然生动、静中有动、虚无缥缈的赏梅风格。

四曰：受自然之理。

自然物的存在与形象，都有一定的规律。山有高低、起伏，主峰、次峰；水有流速、流向、流量、流势；植物有耐阴、喜光、耐盐、恶湿、

图1-12 引自然之象

快长、慢长、寿命长短以及花开花落、季相色彩的不同，这一切都要符合植物的生态习性规律，循其自然之理，充分利用有关的种种自然因素，才能创造丰富多姿的园林景观（图1-13）。

五曰：传自然之神。

这是较为深奥的一种要求，它触及设计者与游赏者的文化素质，如能超越以上四种造景的效果，则可产生"传神"之作，能做到源于自然而高于自然者，多是传达了自然的神韵，而不在于绝对模仿自然。故文人造园，多以景写情，寄托于诗情画意，造景是来于自然，而写情与作画，则是超越自然，这些才是中国传统园林最丰厚的底蕴与特色(图1-14)。

图1-13　受自然之理　　　　　　　　　　　图1-14　传自然之神

园林风格的创造固然要继承本国园林的优秀传统，也要吸收借鉴国外园林的经验。而今天园林风格创作的重点，则是以优美的环境来适应现代国人的生活情趣，提升其文化素养。

故园林所要给予人们的可归纳为"景、意、情、理"四个字。景是客观存在的一种物象，是看得见、听得到、嗅得着(香味)，也摸得着的实体。这种景象能对人的感官起作用，而产生一种意境，有这种意境，就可产生诗情画意，境中有意，意中有情，以此表现出中国园林的特色与风格。

所谓理者，一指自然之理(科学规律)；二指社会之理，令人感慨多多；然后还可升华到第三种人生之理——哲理。植物的正常生长寓意着自然之理；而植物的拟人化是社会常理的反映。

植物则是创造景物—意境—情感—哲理过程中的主要组成部分。

园林植物景观的风格，是利用自然、仿效自然、创造自然，对自然观察入微，由"物化"而提升到"入神"。又由于植物这一园林基本要素的自然本性，在表现"大自然体系"上比其他园林要素更深、更广，也更具有魅力！总之，中国园林植物景观的风格是自然的形象，诗情画意的底蕴和富有哲理的人文精神！

自然的美不变(或极其缓慢)，但时代的变化则是比较快的，人们常常会用时代的审美观念来认识、发现和表达对自然美的欣赏并创造园林中的自然美。而这种美不能仅仅是贴上时代的标签，或以时代的种种符号剪贴于园林画面中，还需要我们以时代精神(代表多数人)来更细致地观察自然的本质美，深刻领悟自然美的内在含义——体现于"神"的本质，犹如诗人观察植物那样地细微、入神，才能真正创造"源于自然"、"高于自然"的"传神"之作。

第2章　园林植物种植设计原理

2.1　园林植物类别

园林植物是园林树木及花卉的总称。按照通常园林应用的分类方法，园林树木一般分为乔木、灌木、藤本、竹类等。花卉给人普遍的印象是草本花卉类。花卉的广义概念是指有观赏价值的草本植物、草本或木本的地被植物、花灌木、开花乔木及盆景等。总而言之，园林植物涵盖了所有具有观赏价值的植物。

2.1.1　乔木

一般来说，乔木体形高大、主干明显、分枝点高、寿命比较长(图2-1、图2-2)。依其体形高矮常分为大乔木(20m以上)、中乔木(8～20m)和小乔木(8m以下)。从一年四季叶片脱落状况又可分为常绿乔木和落叶乔木两类；叶形宽大者，称为阔叶常绿乔木和阔叶落叶乔木；叶片纤细如针或呈鳞形者则称为针叶常绿乔木和针叶落叶乔木。

图2-1　阔叶常绿乔木(香樟)

图2-2　针叶常绿乔木(油松)

乔木是园林中的骨干植物，无论在功能上或艺术处理上都能起主导作用。诸如界定空间，提供绿荫，防止眩光，调节气候等。其中多数乔木在色彩、线条、质地和树形方面随叶片的生长与凋落可形成丰富的季节性变化，即使冬季落叶后也可展现出枝干的线条美。

2.1.2 灌木

这类树木没有明显的主干，多呈丛生状态，或自基部分枝。一般体高2m以上者称大灌木，1～2m为中灌木，高度不足1m者为小灌木。灌木能提供亲切的空间，屏蔽不良景观，或作为乔木和草坪之间的过渡，它对控制风速、噪声、眩光、辐射热、土壤侵蚀等也有很大的作用。灌木的线条、色彩、质地、形状和花是主要的视觉特征，其中以开花灌木观赏价值最高，用途最广，多用于重点美化地区(图2-3)。

2.1.3 藤本植物

指具有细长茎蔓，并借助卷须、缠绕茎、吸盘或吸附根等特殊器官，依附于其他物体才能使自身攀缘上升的植物。其根可生长在最小的土壤空间，并能产生最大的功能和艺术效果。它可以美化无装饰的墙面，并提供季节性的叶色、花、果和光影图案，联系建筑物等。功能上还可以提供绿荫，屏蔽视线，净化空气，减少眩光和辐射热，并防止水土流失等。常绿藤本植物具有美化和防护功效。落叶藤本植物在冬季落叶后，其存留在墙面上的枝茎可交织成形状不定的画面，它可用作棚架、绿廊和拱门的绿化、美化(图2-4)。

图2-3 灌木(石楠)

图2-4 藤本植物(蔷薇)

图2-5 佛肚竹

2.1.4 竹类

竹类为禾本科竹亚科常绿乔木、灌木或藤本状植物，秆木质，通常浑圆有节，皮翠绿色，但也有方形竹、实心竹和茎节基部膨大如瓶、形似佛肚的佛肚竹，以及其他皮色，如紫竹、金竹、斑竹、黄金间碧玉竹等。花不常见，一旦开花，大多数于花后全株死亡。竹类大者可高达30m，用于营造经济林或创造优美的空间环境。小者可盆栽观赏或作地被植物，亦有用作绿篱者，它是一种观赏价值和经济价值都极高的植物类群(图2-5)。

2.1.5 花卉

指姿态优美、花色艳丽、花香馥郁和具有观赏价值的草本和木本植物，通常多指草本植物而言

(图 2-6)。草本花卉是园林绿地建设中的重要材料,可用于布置花坛、花境、花缘、切花瓶插、扎结花篮、花束、盆栽观赏或作地被植物使用,而且具有防尘、吸收雨水、减少地表径流、防止水土流失等功能。许多花卉的香味还具有杀菌作用,或用于提取香精。根据花卉的生活型和生态习性,可分为一、二年生花卉、多年生花卉和水生花卉。

2.1.6 草坪植物

指园林中用以覆盖地面,需要经常修剪,却又能正常生长的草种,它以禾本科植物为主(图 2-7)。草坪在园林植物中,属于植株最小、质感最细的一类。由于草种类别不同,有的生长快,有的生长慢;有的好阳,有的喜阴,亦有两种场合都可生长者。无论哪类草种都喜欢在排水良好的中性土壤中生长。

图 2-6　郁金香花境　　　　　　　　图 2-7　野牛草草坪

用草坪植物建立的活动空间,是园林中最具有吸引力的活动场所,它既清洁又优雅,既平坦又壮阔。游人可在其上散步、休息、娱乐等。草坪还有助于减少地表径流,降低辐射热和眩光,防止尘土飞扬,并柔化生硬的人工地面。草坪是所有园林植物中持续时间最长而养护费用最大的一种。因此,在用地和草种选择上必须考虑适地适草和便于管理养护。如草坪分为暖季型和冷季型草坪,需妥善选择草种以适应功能需要。

2.2 园林植物种植设计的生态学原理

景观设计者对植物材料的运用,首先应把握其作为景观素材的生命特征——即一切艺术的含义都在活的变化中展现,而且,只有当植物以饱满的活力呈现在人们面前,再加以艺术设计之后,才算得上完美的艺术作品。而如何保证植物的生命活力以及所需景观的形成,关键在于如何掌握植物与其生存环境的协调关系。温度、水分、光照、土壤以及空气等环境因子制约着植物的正常生长发育,也就是制约着完美景观的形成。所以,研究平整土地环境中各因子与植物的关系是植物景观设计的基础。不同的自然环境存在不同的植物,在人工环境中,或选择适合其特殊环境的具有特殊景观的植物材料,或改变环境使其适合植物的正常景观因素的形成。所有这些都是一个优秀的景观设计师所应认识和考虑的。

2.2.1 温度与植物种植设计

1) 温度对植物景观设计的重要性

温度是影响植物自下而上的最重要的因素之一。在空间上,温度随海拔的升高而降低、纬度的南移而升高。在时间上,四季有变,昼夜有变,温度亦有变。温度对植物景观的影响,不仅在于温度是植物选择立地环境的首要因子,有时候还是景观形成的主导因素。例如,在海拔高、空气湿度大的地方配置秋色叶植物,景观更加明显,特色突出;而欲表现冬景,在北方常绿与落叶树种的合理搭配效果会更好。

"大雪压青松,青松挺且直",松之冬态更显其高洁、伟岸(图2-8);而在南方海岸,配以喜欢高温高湿的棕榈科植物,便能显现美丽的热带风光(图2-9)。所以,温度的南北地域差异也是造就不同地方景观的重要因素之一。

图2-8 大雪压青松

图2-9 新加坡热带风光(黄杆椰子)

同时,温度的变化也影响着植株个体的生长发育速度,即影响着景观的形成快慢。温度适宜,景观形成迅速;温度不适,则景观形成慢。

2) 景观设计者选择植物材料时对温度的主要考察因素

(1) 立地温度三基点

每种植物都有其生长的最低、最适、最高温度,称为温度三基点。原产热带的植物,生长的基点温度在18℃以上,如椰子(*Cocos nucifera*)、橡胶(*Hevea aubl*)、槟榔(*Areca catechu*)等;而仙人掌科的蛇鞭柱属(*Selenicereus*)多数种类则要在28℃以上高温下才能生长;原产亚热带的植物,其生长基点约15~16℃,如柑橘(*Citrus reticulata*)、樟树(*Cinnamomum camphora*)、王莲(*Victoria amazonica*)等(图2-10);原产温带的植物,生长基点较低,约在10℃左右就开始生长,如紫杉(*Taxus cuspidata*)、白桦(*Betula platyphylla*)(图2-11)、云杉(*Picea asperata*)、桃(*Prunus persica*)(图2-12)、李(*Prunus salicina*)、槐树(*Sophora japonica*)等。

图 2-10 新加坡热带风光(王莲)

图 2-11 温带植物景观(白桦林)

图 2-12 桃树种植设计

(2) 立地物候情况

物候即自然界的生物与非生物所表现的季节性现象。就植物而言,就是其萌芽、展叶、开花、结实、叶黄及落叶的季节表现;就非生物而言,即凝霜、降雪、结冰、封冻、解冻、融化等自然现象。在不同地区这些物候现象显现的时期即为该地的物候期。物候是自然环境条件的综合反映,由于每年中气候变化有一定规律,所以物候也有一定的规律。植物景观设计中正是利用各种植物可供观赏的物候现象如返青、开花、早熟、叶变色等创造具有季节特点的景观,从而加强园林景观的时序性。所以,景观设计师不仅要掌握植物的物候期,也要掌握立地的非生物物候期,这样就可以创造更富有生机的园林景观。

2.2.2 水分与植物种植设计

1) 水分对植物景观设计的重要性

水分对于植物景观的影响关键在于其对植物生长发育的决定作用。水分是植物体的重要组成部分,而且植物对营养物质的吸收和运输,以及光合、吸收、蒸腾等生理作用,都必须在有水分的参与下才能进行。另外,水不仅直接影响植物是否能健康茁壮生长,同时也具有特殊的植物景观效果。如"雨打芭蕉"即为描述雨中植物景观的一例,经过雨水冲刷后的植物叶子,明亮清新,绿意盎然。

2) 景观设计者选择植物材料时对水分因子的考察

(1) 空气湿度

空气湿度对植物生长起着很大作用。一些生长在高海拔的岩生植物或附生植物如兰花类(图2-13),主要依靠空气中较高的湿度。热带雨林中具有高温高湿的环境,因此常常生长一些附生植物如大型的蕨类:鸟巢蕨(*Neottopteris midus*)(图2-14)、书带蕨(*Vittaria flexuosa*)等,这些现象也构成了别具一格的景观。景观设计者掌握和了解哪些植物需要高湿度环境,哪些不需要高湿度空气环境,进行合理搭配,不仅避免盲目性,还能利用其独特性创造景观。例如北京植物园的大型展览温室中,就利用现代科学技术,模拟热带雨林的高温高湿环境,并引种大量热带植物,获得极好的热带景观效果(图2-15)。

图 2-13 附生植物(蝴蝶兰)

图 2-14 附生植物(鸟巢蕨)

图 2-15 北京植物园展览温室中的热带景观

(2) 土壤湿度

土壤中的水分对于植物景观的影响更重要。一是决定其生存、生长发育过程;二是可利用不同植物对土壤水分的要求创造植物景观。不同的植物种类,在长期生活的水分环境中,不仅形成了对水分需求的适应性和生态习性,还产生了特殊的可赏景观。如仙人掌类植物,由于长期适应沙漠干旱的水分环境,从而形成了各种各样的奇特形态。根据植物与水分的关系,可把植物分为水生、湿生、中生和旱生等生态类型,它们在外部形态、内部组织结构、抗旱、抗涝能力以及植物景观上各有差异。

2.2.3 光照与植物种植设计

1) 光照对植物种植设计的重要性

光照与温度、水分对植物种植设计的影响一样,既对植物的生长发育起着重大作用,同时又可利用光影创造独特的植物景观。植物与光最本质的联系就是植物的光合作用,即植物依靠叶绿素吸收太阳能,并利用光能进行物质交换,把二氧化碳和水加工成糖和淀粉,同时放出氧气。但是不同的植物对光的需求程度不同，通常用光补偿点和光饱和点来衡量。光补偿点即光合作用所产生的碳水化合物与呼吸作用所消耗的碳水化合物达到动态平衡时的光照强度。能够知道植物的光补偿点，就可以了解其生长发育的需光度，从而预测植物的生长发育状况及观赏效果。光照的强度和光质在很大程度上影响着植物的高矮和花色的深浅，如生长在高山上的植株通常受紫外线照射严重而显得低矮且花色非常艳丽，不过这是受自然条件的限制，设计者不能改变的现实，但在人工环境下，利用现代科技手段也能达到相似的效果。

另外，植物的叶子或枝干的光影，亦可成为园林独特的风景（图2-16）。"疏影横斜水清浅"，"落影斑驳"等都是以光影来展露风姿的。无光不成影，巧妙地利用光影的景观很多，如香山饭店正楼一侧的白墙与水池间植以姿态秀美的油松，阳光照射，一树成三影，墙上落影如画，水中相映成宾，别具诗画之韵味。而巴西首府巴西利亚参众两院周围的环境设计是现代化环境设计的典型代表。

图 2-16　植物的光影美

2) 选择植物材料时对光照的调查

在长期的自然环境生长中，不同的植物形成了对光强要求的不同生态类型。设计的关键是弄清各种植物的这种对光的需求情况，合理进行配植，使所选植物得以健康生长。每日的光照时数与黑暗时数的交替对植物开花的影响称为光周期现象。根据植物对于日照长度的要求，可分为：长日照植物（每日的光照时数大于 14h）；短日照植物（光照时数少于 12h 的临界时数）；中日照植物（只有在昼夜长短时数基本相等时才能开花的植物）；中间性植物（对光照与黑暗的长短没有严格的要求，只要发育成熟，无论长日照条件或短日照条件下均能开花）。

在园林应用中，根据对光照的要求，一般将植物分成阳性植物、阴性植物和居于两者之间的耐阴植物。

根据经验来判断植物的耐阴性是目前在种植设计中的依据，但是极不精确。而且，植物的耐阴性是相对的，其耐阴程度与纬度、气候、树龄、土壤等条件有密切关系。所以种植设计时，对于植物对光强的需要，只有通过对各种树种及草本植物耐阴程度的了解，才能科学地配植。

2.2.4　空气与植物种植设计

1) 风对植物景观效果的影响和关系

风在自然植物群落中扮演着重要的角色，景观设计者往往对风不太重视。其实风对植物的生长和景观的形成亦有一定的影响。它可以帮助植物传播花粉、种子，也可以吹走有害的昆虫，这对植物群落基本特征的延续非常重要。有些植物暴露在风中会失去茎或叶的水分，或者使它们再生的能力受到影响，从而影响到表现性状的适应性。大风或突然而起的风可能也会对有些物种造成损害，甚至会减少空气中水蒸气的含量。在一些植物群落中，植物的生长方向甚至有些植物的形状都受季节盛行风的控制。对植物有害的生态作用表现在台风、焚风、海潮风、冬春旱风、高山强劲的大风等。比如沿海城市树木在受到台风危害时，冠大荫浓的榕树（*Ficus microcarpa*）常常连根拔起，大叶桉(*Eucalyptus robusta*)的主干经常被折断。而在四川攀枝花，金沙江的深谷常发生极干热的焚风，焚风一过，万物枯萎凋零，一片凄惨景象。海潮风带来大量盐分，使不能耐盐的植物死亡。北京地区早春的干风经常导致植物的枝梢干枯现象。而经常刮强劲大风的地方，更要注意植物种类的选择，因为有的浅根性树木可能被连根拔起。所以景观设计者在调查当地刮风情况的同时，一定要注意选择抗风性能较好的适宜树种。

2) 大气污染与园林植物

随着工业的发展，工厂排放的有毒气体无论在种类和数量上愈来愈多，对人的健康和植物都带来了严重的影响。因此景观设计者在选择绿化树种时应注意以下几点：

(1) 在污染严重的工厂、厂区等的绿化中避免选择不抗污染树种，应在选择抗污染树种的基础上再考虑景观效果。

(2) 在居民聚集的地方应适当选择一些指标性种类，以直观测定和了解被污染的情况，及时解决问题。

(3) 在城市道路绿化中，注意选择抗性较强，且能有效吸尘、净化空气的植物种类。

2.2.5 土壤与植物种植设计

景观设计者在选择植物时对土壤应从以下三个方面进行调查：

1) 基岩调查

不同的岩石风化后形成不同性质的土壤，不同性质的土壤上生长不同的植被，从而形成不同的植物景观。基岩的种类主要有：石灰岩、砂岩和流纹岩。石灰岩主要由碳酸钙组成，属钙质岩类风化物。风化过程中，碳酸钙可受酸性水溶解，大量随水流失，所以土壤中缺乏磷和钾而多具石灰质，呈中性或碱性反应。土壤黏实，易干。不宜针叶树生长，宜喜钙耐旱植物，上层乔木以落叶树为优势种。砂岩属硅质岩类风化物，含有大量石英，坚硬，难风化，多构成山背和山坡。在潮湿情况下易形成酸性土，并缺乏营养。流纹岩也很难风化，干旱条件下是酸性和加强酸性，形成红色黏土或砂质黏土。

2) 土壤物理性质调查

这里主要指城市土壤的成分及物理结构调查。因为城市土壤受基建污水、踩压等环境影响，一般较紧密，土壤孔隙度很低，使植物很难生长。因此，在植物景观设计时，一要选择抗性强的树种。二是在必要情况下，使用客土。

3) 土壤酸碱度调查

在某种程度上，土壤的酸碱度决定着植物的存活。据我国土壤酸碱性情况，可把土壤碱度分成五级：pH 小于 5 为强酸性；pH 小于 5~6.5 为酸性；pH 在 6.5~7.5 之间为中性；pH 在 7.5~8.5 之间为碱性；pH 大于 8.5 为强碱性。相应的园林植物分为三大类：酸性土植物、碱性土植物、中性土植物。

2.3 园林植物种植设计的空间构成原理

加里·O·罗比内特在他的著作《植物、人和环境》中，对植物功能作用的划分稍有异同。他将植物的功能分为四类，即建造功能、工程功能、改造小气候以及美学功能。植物的建造功能包括限制空间、障景作用、控制室外空间的隐私性，以及形成空间序列和视线序列。工程功能包括遮荫、防止水土流失、减弱噪声、为车和行人导向。改善小气候包括调节风速、改变气温和湿度。美学功能包括作为景点、限制观赏线、完善其他设计要素、在景观中作为观赏点和景物的背景。

植物的建造功能对室外环境的总体布局和室外空间的形成非常重要。在设计过程中，首先要研究的因素之一，便是植物的建造功能。它的建造功能在设计中确定以后，才考虑其观赏特性。植物在景观中的建造功能是指它能充当的构成因素，如建筑物的顶棚、围墙、门窗一样。从构成角度而言，植物是一个设计环境的空间围合物。然而，"建造功能"一词并非是将植物的功能仅局限于机械的、人工的环境中。在自然环境中，植物同样能成功地发挥它的建造功能。因此，我们这里指的园林植物种植设计的空间构成原理实际上是建立在植物的建造功能基础之上的。

所谓空间感的定义，是指由地平面、垂直面以及顶平面单独或共同组合成的具有实在的或暗示性的范围围合。植物可以用于空间中的任何一个平面，在地平面上，以不同高度和不同种类的地被植物或矮灌木来暗示空间的边界。在此情形中，植物虽然不是以垂直面上的实体来限制着空间，但它确实在较低的水平面上筑起了一道范围。一块草坪和一片地被植物之间的交界处，虽不具有实体的视线屏障，但却暗示着空间范围的不同。就植物所有非直接性暗示空间的方式而言，这仅是微不足道的一例。

在垂直面上，植物能通过几种方式影响着空间感。首先，树干如同直立于外部空间中的支柱，它们多是以暗示的方式，而不仅仅是以实体限制着空间。其空间封闭程度随树干的大小、疏密以及种植形式而不同。树干越多，如自然界的森林，那么空间围合感越强。树干暗示空间的例子在下述情景中也可以见到：如种满行道树的道路，乡村中的植篱或小块林地。即使在冬天，无叶的枝桠也能暗示着空间的界限。

植物的叶丛是影响空间围合的第二个因素。叶丛的疏密度和分枝的高度影响着空间的闭合感。阔叶或针叶越浓密、体积越大，其围合感越强烈。而落叶植物的封闭程度，随季节的变化而不同。在夏季，浓密树叶的树丛，能形成一个个闭合的空间，从而给人内向的隔离感；而在冬季，同是一个空间，则比夏季显得更大、更空旷，因植物落叶后，人们的视线能延伸到所限制的空间范围以外的地方。在冬天，落叶植物靠枝条暗示着空间范围，而常绿植物在垂直面上能形成周年稳定的空间封闭效果。

植物同样能限制、改变一个空间的顶平面。植物的枝叶犹如室外空间的顶棚，限制了伸向天空的视线，并影响着垂直面上的尺度。当然，此间也存在着许多可变因素，例如季节、枝叶密度，以及树木本身的种植形式。当树木树冠相互覆盖，遮蔽了阳光时，其顶面的封闭感最强烈。亨利·F·阿诺德在他的著作《城市规划中的树木》中介绍，在城市布局中，树木的间距应为3～5m，如果树木的间距超过了9m，便会失去视觉效应。

空间的三个构成面（地平面、垂直面、顶平面）在室外环境中，以各种变化方式互相组合，形成各种不同的空间形式。但不论在何种情况中，空间的封闭度是随围合植物的高矮、大小、株距、额度以及观赏者与周围植物的相对位置而变化的。例如，当围合植物高大、枝叶密集、株距紧凑，并与赏景者距离近时，会显得空间非常封闭。

在运用植物构成室外空间时，如同利用其他设计因素一样，设计师应首先明确设计目的和空间性质(开旷、封闭、隐秘、雄伟等)，然后风景园林师才能相应选取和组织设计所要求的植物。在以下段落中，将讨论利用植物而构成的一些基本空间类型。

(1) 开敞空间：仅用低矮灌木及地被植物作为空间的限制因素。这种空间四周开敞，外向，无隐秘性，并完全暴露于天空和阳光之下(图2-17)。

(2) 半开敞空间：该空间与开敞空间相似，它的空间一面或多面部分受到较高植物的封闭，限制了视线的穿透。这种空间与开敞空间有相似的特性，不过开敞程度较小，其方向性指向封闭较差的开敞面。这种空间通常适于用在一面需要隐秘性，而另一侧又需要景观的居民住宅环境中(图2-18、图2-19)。

(3) 覆盖空间：利用具有浓密树冠的遮荫树，构成顶部覆盖而四周开敞的空间。一般说来，该空间为夹在树冠和地面之间的宽阔空间，人们能穿行或站立于树干之中。利用覆盖空间的高度，能形成垂直尺度的强烈感觉。从建筑学角度来看，犹如人们站在四周开敞的建筑物底层中或有开敞面的车库内。在风景区中，这种空间犹如一个去掉低层植物的城市公园。由于光线只能从树冠的枝叶空隙及侧面渗入，因此在夏季显得阴暗，而冬季落叶后显得明亮、较开敞。这类空间较凉爽，视线通过四边出入。另一种类似于此种空间的是"隧道式"(绿色走廊)空间，是由道路两旁的行道树交冠遮荫形成。这种布置增强了道路直线前进的运动感，使我们的注意力集中在前方。当然，有时视线也会偏向两旁(图2-20)。

图2-17　开敞空间
(赵世伟，张双佐:《园林植物种植设计与应用》)

图2-18　半开敞空间Ⅰ

图2-19　半开敞空间Ⅱ

图2-20　覆盖空间

(4) 完全封闭空间：这类空间的四周均被中小型植物所封闭。这种空间常见于森林中，它相当黑暗，无方向性，具有极强的隐秘性和隔离感(图 2-21)。

(5) 垂直空间：运用高而细的植物能构成一个方向直立、朝天开敞的室外空间(图 2-22)。设计要求垂直感的强弱，取决于四周开敞的程度。此空间就像哥特式教堂，令人翘首仰望将视线导向空中。这种空间尽可能用圆锥形植物，越高则空间越大，而树冠则越来越小。

图 2-21　完全封闭空间
(赵世伟，张双佐：《园林植物种植设计与应用》)

图 2-22　垂直空间
(赵世伟，张双佐：《园林植物种植设计与应用》)

简而言之，风景园林师仅借助于植物材料作为空间限制的因素，就能建造出类型丰富的空间。

风景园林师除能用植物材料造出各种具有特色的空间外，他们也能用植物构成相互联系的空间序列，植物就像一扇扇门、一堵堵墙，引导游人进出和穿越一个个空间。在发挥这一作用的同时，植物一方面改变空间的顶平面的遮盖，一方面有选择性地引导和阻止空间序列的视线。植物能有效地"缩小"空间和"扩大"空间，形成欲扬先抑的空间序列。设计师在不变动地形的情况下，利用植物来调节空间范围内的所有方面，能创造出丰富多彩的空间序列。

到此为止，我们已集中讨论了植物材料在景观中控制空间的作用。但应该指出的是植物通常是与其他要素相互配合共同构成空间轮廓的。例如，植物可以与地形相结合，强调或消除由于地平面上地形的变化所形成的空间。如果将植物植于凸地形或山脊上，便能明显地增加地形凸起部分的高度，随之增强了相邻的凹地或谷地的空间封闭感。与之相反，植物若被植于凹地或谷地内的底部或周围斜坡上，它们将减弱和消除最初由地形所形成的空间。因此，为了增强由地形构成的空间效果，最有效的办法就是将植物种植于地形顶端、山脊和高地，与此同时，让低洼地区更加透空，最好不要种植物。

植物还能改变由建筑物所构成的空间。植物的主要作用，是将各建筑物所围合的大空间再分割成许多小空间。例如在城市环境和校园布局上，在楼房建筑构成的硬质的主空间中，用植物材料再分割出一系列亲切的、富有生命的次空间。如果没有植被，城市环境无疑会显得冷酷、空旷、无人情味。乡村风景中的植物，同样有类似的功能，在那里的林缘、小林地、灌木树篱等，都能将乡村分割成一系列空间。

从建筑角度而言，植物也可以被用来完善由楼房建筑或其他设计因素所构成的空间范围和布局。

围合：这术语的意思就是，完善大致由建筑物或围墙所构成的空间范围。当一个空间的两面或三面是建筑和墙，剩下的开敞面则用植物来完成整个空间的"围合"或完善。

连接：连接是指植物在景观中，通过将其他孤立的因素从视觉上将其连接成一完整的室外空间。像围合那样，运用植物材料将其他孤立因素所构成的空间给予更多的围合面。连接形成是运用线型的种植植物的方式，将孤立的因素有机地连接在一起，完成空间的围合。

2.4 园林植物种植设计的美学原理

美是人类的一种特殊思维活动，它属于情感思维范畴(即审美思维和审美活动)所产生的观念形态。这种审美意识或审美观，对于不同时代、不同环境、不同经济状况、不同民族传统、不同宗教信仰、不同经历、不同社会地位以及不同教育文化水平的人，都会有所不同。但是，两个不同的人，如果上述所有条件相同，他们对客观事物的审美观，却是基本相同或相近的。

美，有自然美、生活美和艺术美之分。自然美是人类面对自然与自然现象如天象、地貌、风景、山岳、河川、植物、动物等所产生的审美意识；生活美是人类面对人类自身的活动或社会现象如生老病死、喜怒哀乐、悲欢离合、家庭、事业、社会关系、命运、经济状况、贡献、成就等所产生的审美意识；艺术美是人类面对人类自身所创作的艺术作品如绘画、雕塑、建筑艺术、园林、音乐、歌曲、诗词、小说、戏剧、电影等所产生的审美意识。

园林植物景观的本质是作为客体的园林植物或由其组成的"景"刺激主体，从而引起主体舒适快乐、愉悦、敬佩、爱慕等情感反应的功利关系。园林植物属于自然的物质，所以本身就具有自然美的成分；同时，园林植物种植设计是一种实践活动，所以又具有生活美的因子；另外，园林植物景观是运用艺术的手段而产生的美的组合，它是无声的诗、立体的画，是艺术美的体现。总之，园林植物种植设计需要综合自然美、生活美和艺术美。

前面已经提到过，现代景观设计者利用种植设计，多是从视觉角度出发，根据植物的特有观赏性色彩和形状，运用艺术手法来进行景观创造。西方园林设计师在进行种植设计时，特别注重景观细部的色彩与形状的搭配，本节将着重从艺术设计的色彩美及形式美两方面加以讨论。

2.4.1 色彩美原理

1) 色彩认识

赏心悦目的景物，除了个人嗜好外，首先是因为色彩动人才引人注目，其次才是形体美、香味美和听觉美。园林中的色彩以绿色为基调，配以美丽的花、果及变色叶，构成了缤纷的色彩景观。

"色"包含色光与色彩。光与色两者之间有不可分割的关系，由发光体放射出来的叫光，而色是受光体的反射物。阳光是所有颜色之源，太阳光谱由不同波长的色光组成，其中人眼能看到的有七种：赤、橙、黄、绿、青、蓝、紫，而物体的色彩是对光线吸收和反射的结果，如红色的花朵是因其吸收了橙黄绿青蓝紫等各色，而把红光反射到人眼，才显以红色。白色是因为物体本身不吸收和分解阳光，而是全部反射出来。

人眼可辨的色彩大致可分为两大类：有彩色如红、黄、绿、蓝、橙、粉等系列；无彩色如白、灰、黑色系列。园林植物多以有彩色见诸于景观应用，如红花绿叶等，以无彩色为主的欣赏景观则较少，主要是一些白色干皮植物，白色花以及黑色果实等。

红、黄、蓝为三原色；其中两两等量混合即为三补色橙、绿、紫，又称为二次色。

二次色再相互混合则成为三次色，即橙红、橙黄、黄绿、蓝绿、蓝紫、紫红等。自然界各种植物的色彩变化万千，凡是具有相同基础的色彩如红蓝之间的紫、红紫、蓝紫，与红、蓝两原色相互组合，均可以获得比较调和的效果。二次色与三次色的混合层次越多，越呈现稳重、高雅的感觉。

色彩因搭配与使用的不同，会在人的心理上产生不同的情感，即所谓的"色彩情感"。一个空间所呈现的立体感、大小比例以及各种细节等，都可以因为色彩的不同运用而显得明朗或模糊。所以熟悉、理解和掌握色彩的各种"情感"，并巧妙地运用到景观设计中，可以得到事半功倍的效果。

(1) 冷色、暖色

有些色彩给人以温暖的感觉，有些色彩则给人以冷凉的感觉，通常前者称为暖色，后者称为冷色，这种冷暖感决定于不同的色相。暖以红色为中心，包括由橙到黄之间的一系列色相。冷色以蓝色为中心，包括从蓝绿到蓝紫之间的一系列色相，绿与紫同属于中性色。此外，明度、彩度的高低也会影响色相之冷暖变化。"无彩色"中白色显得冰冷，而黑色给人以温暖，灰色则属中性。

鲜艳的冷色以及灰色，对人刺激性较弱，故常给人以恬静之感，称为沉静色。绿色和紫色属中性颜色，视者不会产生疲劳感(图2-23)。鲜红色是积极、热血，以及革命之象征。我国以红色代表大吉大利，所以欲表达热烈气氛，在入口处或重要位置点以色彩鲜艳的植物，景观效果极佳(图2-24)。

图 2-23 盛开的紫藤花

图 2-24 入口处大花坛

(2) 诱目性、明视性

容易引起视线的注意，即诱目性高。由各种色彩组成的图案能否让人分辨清楚，则称为明视性(图2-25)。要达到良好的景观设计效果，既要有诱目性，也要考虑明视性。

一般而言，彩度高的鲜艳色具有较高的诱目性，如鲜艳的橙、黄等色彩，给人以膨胀、延伸、扩展的感觉，所以容易引起注目(图2-26)。然而诱目性高未必明视性也高。例如红与绿非常抢眼，但不能辨明。明视性的高低受明度差的影响，一般明度差异越大，明视性越强。

图 2-25 色彩的明视性

图 2-26 色彩的诱目性

(3) 色彩的轻、重

色彩的轻、重受明度的影响：色彩明亮让人觉得轻，色彩暗浅让人觉得沉重；明度相同者则彩度愈高愈轻、愈低愈重。深色与暗色感觉重，因此在室内绿化中多采用暗色调植物，以显正统、威严。浅色调感觉轻，活泼好动者喜欢在室内摆色彩浅淡的植物，给人以亲近、轻松、愉快的感觉。而在室外的植物景观设计以及插花艺术中如果上暗下浅，则头重脚轻，有动感、活泼感，但重心不稳；下暗上浅，则相反。

(4) 色彩的华丽、朴素

色彩有华丽与朴素之分，这与彩度、明度有密切关系。纯色的高彩度或明度高色彩，有华丽感；彩度低、明度低的暗色，给人以朴素感。一般而言，暖色华丽，冷色朴素。

2) 配色原则

(1) 色相调和

在同一颜色之中，浓淡明暗相互配合。同一色相的色彩，尽管明度或彩度差异较大。而且同色调的相互调和，意象缓和、柔谐，有醉人的气氛与情调，但也会产生迷惘而精力不足的感觉。因此，在只有一个色相时，必须改变明度和彩度组合，并加之以植物的形状、排列、光泽、质感等变化，以免流于单调乏味(图 2-27、图 2-28)。

图 2-27 色相的调和Ⅰ

图 2-28 色相的调和Ⅱ

(2) 近色相调和

近色相的配色，仍然具有相当强的调和关系，然而它们又有比较大的差幅，即使在同一色调上，也能够分辨其差别，易于取得调和色，相邻色相，统一中有变化，过渡不会显得生硬，易得到和谐、温和的气势，并加强变化的趣味性；加之以明度、彩度的差别运用，更可营造出各种各样的调和状态，配成既有统一又有起伏的优美配色景观(图2-29)。

(3) 中差色相调和

如红与黄、绿和蓝之间的关系为中差色相，一般认为它们之间具有不调和性；植物景观设计时，最好改变色相，或调节明度，因为明度要有

图2-29　近色相的调和

对比关系，可以掩盖色相的不可调和性；中差色相接近于对比色，二者均鲜明而诱人，故必须至少要降低一方的彩度，方能得到较好的效果。而如果中心恰好是相对的补色，则效果会太强烈，难以调和(图2-30)。

(4) 对比色相调和

对比色常常得以应用，因其配色给人以现代、活泼、洒脱、明视性高的效果。在园林景观中运用对比色相的植物花色搭配，能产生对比的艺术效果；在进行对比配色时，要注意明度差与面积大小的比例关系。例如红绿、红蓝是最常用的对比配色，但因其明度都较低，而彩度都较高，所以常存在相互污染的问题；对比色相会因为其二者的鲜明印象而互相提高彩度，所以至少要降低一方的彩度方达到良好的效果。如果中心色恰巧是相对的补色，效果太强烈，就会较难调和(图2-31)。

图2-30　中差色的调和

2.4.2　形式美原理

任何成功的艺术作品都是形式与内容的完美结合，园林植物景观设计艺术也是如此。在建设雕塑艺术中，所谓的形式美即是各种几何体的艺术构图。植物的形式美是植物及其"景"的形式在一定条件下人的心理上产生的愉悦感反应。它由环境、物理特性、生理的感应三要素构成。形成三要素的辩证统一规律即植物景观形式美的基本规律，同样也遵循统一、对称、均衡、比例、尺度、对比、调和、节奏、韵律

图2-31　对比色的调和

等规范化的形式艺术规律。

1) 对比与调和

园林植物景观是由植物的景观素材特性及其与周围环境综合构成的。植物的景观素材主要由植物的色彩、体形以及质地构成，这些构成要素都存在大或小、轻或重、深或浅的差异。在各种单独成景的要素特性内，越具有相近特性的如质地中的粗质与中质、色彩中的相近色，在搭配上就越具有调和性。相反，当各属性间的差异极为显著时，就成为对比，如红色和绿色、粗质与细质等。

对比与调和是艺术构图的重要手段之一。园林植物景观设计中应用对比，会使景观丰富多彩、生动活泼；同时适用调和原理，以求统一和凸显主题。

(1) 形象的对比与调和

① 高低、大小

在植物景观设计中，高大乔木与低矮的灌木及草坪中央植以几株高大的乔木，空旷寂寥，又别开生面，是因为高度差给人的幻觉(图2-32)。而在林缘或林带中高低错落的乔灌搭配，宜形成起伏连绵而富有旋律的天际曲线(图2-33)。

图2-32　高低、大小的对比　　　　　　　图2-33　高低错落的乔灌搭配

② 形状

植物景观具有三种基本形状：圆形、方形和三角形。圆形反映了曲线特有的自然、紧凑，象征着朴素、简练，具清新之美而无冗长之弊。自然界中具天然圆形成分的植物姿态如圆球形、半圆球形以及圆锥形等。另外，因其圆润之美，大家常喜欢将植物修剪成圆形，如黄杨球、小檗球等。这种形式在日本园林中尤为常见，方形是由一系列直线构图而成的。方形是和人类关系甚为密切的形状，植物景观中仿佛很少用三角形状。

在实际园林景观中，欲达到形状的对比与调和，需潜心琢磨植物的自然与人工造型及其周围建筑物的造型。如在某城市街道中央绿化隔离带中使用了修剪成方形的侧柏与圆球形的黄杨(*Buxus sinica*)之间隔以尖塔形的圆柏，则既体现了对比的快节奏，又因形状的渐变而协调统一。

(2) 方向的对比与调和

植物的姿态分为向上型、平行型和无方向型，同时也表现了其方向性。其中向上与平行，一横一立，同处一画面，更突出个性表达。所以在攒尖亭周围不主张用单株的雪松、龙柏(*Sabina chinensis* 'Kaizuka')等向上型的尖顶状树，以免产生亭尖、树冠的争夺之战。

(3) 色彩的对比与调和

见本节第一部分。

(4) 体量的对比与调和

各种植物在体量上存在着很大差别，不仅是种类不同，还表现在同种的不同生长级别上。利用此对比也可体现不同的景观效果，如以假槟榔（*Archontophoenix alexandrae*）和散尾葵（*Chrysalidocarpus lutescens*）对比，薄葵与棕竹（*Rhapis excelsa*）对比，而其中形成热带风光的姿态又得以调和。

(5) 虚实的对比与调和

植物有常绿与落叶之分，冠为实而冠内为虚。这也道出了利用植物创造空间感的方法。以灌木围合四周，以乔木围合顶部，在需要突出透景线的地方不加种植。植物为实，空间为虚，实中有虚，虚中有实，是现代园林植物景观设计中较好的手段。

(6) 明暗的对比与调和

明暗给人以不同的心理感受。明处开朗活泼，暗处幽静柔和。明宜于活动，暗宜于休憩。植物的阴影最易形成斑驳的落景，明暗相通，极富诗意。

(7) 质地的对比与调和

植物有粗质、中质、细质之分，不同质地给人以不同的感觉。不同质地的植物搭配对空间的大小及主题的表达也有影响，合理运用质地间的对比和调和渐变是设计中的常用手法。

(8) 开闭的对比与调和

围合封闭与空旷自然，互相对比，互为衬托。从封闭的森林走向空旷的草原，令人心旷神怡，顷刻释放所有的恐怖和压抑；从空旷走向封闭，深邃而幽寂，别有一番滋味。因此，巧妙地利用植物创造封闭与空旷的对比空间，有引人入胜之功效。

2) 节奏与韵律

有规律的再现称为节奏；在节奏的基础上深化而形成的既富于情调又有规律、可以把握的属性称为韵律。韵律包括重复韵律、渐变韵律和交错韵律。一排排行道树就是重复韵律。而"间株垂柳间株桃"则道出了重复韵律运用之绝妙。重复韵律包括形状的重复和尺寸的重复。

渐变的韵律是以不同元素的重复为基础，而形式上更复杂一些。如西方古典园林中的卷草纹式柱头和模纹花坛即属此类。交错韵律是利用特定要素的穿插而产生的韵律感造型艺术，是由形状、色彩、质感等多种要素在同一空间内展开的，其韵律较之音乐更为复杂，因为它需要游赏者能从空间节奏和韵律的变化中体会到设计者的"心声"，即"音外之意，弦外之音"。

园林植物景观设计中，可以利用植物的单体或形态、色彩、质地等景观要素进行有节奏和韵律的搭配。常用节奏和韵律表现景观的有行道树、高速公路中央隔离带等适合人心理快节奏感受的街道绿化。

3) 比例与尺度

比例是部分和部分之间、整体和局部之间、整体和周围环境之间的大小关系，其与具体尺度无关。不同比例的景观构成在人的心理上会产生不同的感赏。尺度是指与人有关的物体实际大小与人印象中的大小之间的关系，它和具体尺寸有着密切的关联，并且容易在心理上产生定型。在园林建筑空间设计中对比例与尺度的要求比较严格，因为实际的比例和尺度美是以各种几何的图形构图在人的视觉印象比较中产生的。而园林植物的空间受材料的自然生长特性的制约和限制，其比例和尺度美的运用显得比较薄弱。然而在整体的空间构造中模糊考虑植物的长度以及空间的比例也是非常必要的。人在赏景时，因视线的角度不同，分为平视、仰视、俯视。不同的赏景姿势给人以不同的感觉。平视令人平静、深远；仰视使人感到雄伟、紧张；俯视则令人感到开阔、惊险。所以巧妙地运用地形的变幻、植物高低的起伏创造不同的观赏视角，使上下左右处处有景，从而大大丰富空间层次，使景色绚丽多姿。

4）主从与统一

主从即主体与从属的关系。主与从构成了重点和一般的对比与变化。在主从比较中发现重点，在变化关系中寻求统一是艺术设计中的绝对法则。尤其是在植物配置中，如何表现主从与统一是获得良好景观的决定性因素。经典的树丛设计中讲求一些原则，如三株一丛构成不等边三角形的变化，但树种选择必求一致或至少形似，以产生统一。若树种仅为两种，则单独一株不能为最大，且必须与最大一株为同种，由此以体现树种优势和形态的突出。四株和五株的树种基本遵循三株树丛的规律，但要注意围合出一定的封闭空间。在园林植物景观设计中，强调和突出主景的方法除以上树丛几何设计外，还有：

(1) 轴心或重心位置法

即把主景安置在中轴线上或轴线之交会处(节点或转角)，从属景物则安置于轴线之两侧副轴线上。而就区域或群体的设置，应以围合重心为重点，根据体量、色彩等因素以及心理效应的影响，合理分配主从景物。

(2) 对比法

对比的本身就是一种相互显隐的结果。主景一般形体高大，或形象优美，或色彩鲜明，或奇特无比，都作为从属景物的反衬，即所谓"相形见绌"。

5）均衡与稳定

构图在平面上的平衡为均衡，在立面上的平衡则为稳定。园林植物景观是利用各种植物或其构成要素在体形、数目、色彩、质地以及线条等方面展现量的感觉。这种称为"美景"的感觉有的是对称美，有的是不对称美，有的是质感均衡美，有的是竖向均衡美等。

(1) 对称均衡美

规则式园林的构图成各种对称的几何形状，并且其运用的各种植物材料在品种、形体、数目、色彩等方面应是均衡的，因此常给人一种整齐庄重的感觉。

(2) 不对称均衡美

不对称均衡美赋予景观以自然生动的感觉。在植物景观设计中，人对各种景观素材的心理感觉，最终是统一的。比如利用体量大的乔木与利用成丛的灌木树丛成对照配置，人的心理自然感到平衡，因为量和面积同样会折射出重量的感觉。

(3) 竖向均衡美

上大下小，给人以不稳之感。所以，如若在那些枝干细而长、枝叶集中于顶部的乔木下配置中乔、小乔或灌木丛，使其形体加重，可造就稳定的景观。然而，在盆景艺术中，往往利用竖向不均衡以显动势，但又在其周围配以山石，或显或隐，达到水平均衡，来消减竖向的不稳定性。因此，在实际的景观设计中，经常运用以此补彼的手法，达到整体的均衡美感。

第3章 园林植物种植设计基本形式

3.1 孤植

孤植树在园林中可以有两种目的，第一类是作为园林中独立的庇荫树，当然除了庇荫的目的以外，在构图艺术上仍然和单纯作为观赏用的孤植树有其同样重要的意义，所以也可以说，第一类是庇荫与观赏结合起来的孤植树；第二类是单纯为了构图艺术上需要的孤植树。

孤植树是园林种植构图中的主景，因而四周要空旷，使树木能够向四周伸展，同时在孤植树的四周要安排最适宜的鉴赏视距，在风景透视中谈到，最适视距在树高的四倍到十倍左右，所以至少在树高的四倍的水平距离内，不要有别的景物阻挡视线，应该空出来。

孤植树所表现的主要是树木的个体美，而树丛、树群和树林所表现的乃是群体美。孤植树在构图上所处的位置十分突出，所以必须具有突出的个体美。

明朝画家龚贤说："一株独立者，其树必作态，下复合居多。"又说："孤松宜奇，成林不宜太奇。"这里说明，在绘画构图中孤植树其姿态必须突出，同时以树冠开展的树木比较相宜；在园林造景中，孤植树的树种选择及体形要求是与绘画完全一致的；园林中的孤植树必须有突出奇特的姿态与体形，而树林中的树木则体形可以一般。体形简单，树冠不开展的树木，选为孤植树很不相宜。孤植树的个体美，以体形和姿态的美，为最主要的因素。组成孤植树个体美的因素大体上有以下各个方面：

①体形特别巨大者：如樟树、榕树、悬铃木（*Platanus hispanica*）、槲树（*Quercus dentata*）等树木，常常树冠伸展达10～20m，荫覆一二亩，主干几人围抱，给人以雄伟浑厚的艺术感染；②体形的轮廓富于变化，姿态优美，树枝具有丰富的线条美者：如柠檬桉（*Eucalyptus citriodora*）、白皮松（*Pinus bungeana*）、油松（*P. tabulaeformis*）、黄山松（*P. taiwanensis*）、鸡爪槭（*Acer palmatum*）、白桦、垂柳（*Salix babylonica*）等树木，给人以龙蛇起舞，顾盼神飞的艺术感染；③开花繁茂，色彩艳丽者：如凤凰木（*Delonix regia*）、木棉（*Bombax malabaricum*）、玉兰（*Magnolia denudata*）、梅花（*Prunus mume*）等树木，开花时，给人以华丽浓艳、绚烂缤纷的艺术感染；④具有浓烈芳香的树木：如白兰花（*Michelia alba*）、桂花（*Osmanthus fragrans*）、栀子花（*Gardenia jasminoides*）等，给人以暗香浮动、沁人心脾的美感；其他如苹果（*Malus pumila*）、柿树（*Diospyros kaki*）等给人以硕果累累的艺术感受；秋天变色或常年红叶的树种：乌桕（*Sapium sebiferum*）、枫香（*Liquidambar formosana*）、银杏（*Ginkgo biloba*）、紫叶李（*Prunus cerasifera* 'Pissardii'）等，给人以霜叶照眼、秋光明净的艺术感受。

具有以上各种个体美特征的树木，在体形与姿态上亦很合适时，就适于选为孤植树。第一类的庇荫的孤植树：选择树种的时候，首先应该有巨大开展的树冠，生长要快速，庇荫效果要良好，体形要雄伟,古话说:大树底下好乘凉,所以必须符合这个要求;体形呈尖塔形或圆柱形,树冠不开展或自然干基部分枝的树木,例如钻天杨(Populus nigra var. 'Italica')、龙柏、云杉、塔柏(Sabina chinensis var. pyramidalis)、南洋杉(Araucaria cunninghamii)等,以及各种灌木,均不宜选作庇荫孤植树。其次,树荫稀疏、树姿松散的树木,亦不宜选作庇荫孤植树。例如柠檬桉、紫薇(Lagerstroemia indica)、枣树(Zizyphus jujuba)等,分蘖太多的洋槐(Robinia pseucdoacacia)也不适宜,有毒植物则更不相宜。

庇荫及观赏的孤植树配置的地位最好是布置在开朗的大草坪或林中草地的中央,但是在构图上不应该配置在大草坪的几何中心,应该偏于一端,布置在构图的自然中心上,与草坪周围的树群或景物取得均衡和呼应(图3-1)。庇荫及观赏的孤植树还可配置在开朗的水边、河畔、江畔或湖畔,以明朗的水色作为背景,使游人可以在树冠的庇荫下欣赏远景。此外在可以透视辽阔远景的高地上、山岗上亦可配置庇荫孤植树,一方面可供游人在树下乘凉、眺望;另一方面也可以使高地或山岗的天际线丰富起来。

在公园广场上的某些靠近边缘、人流较少的地点亦可配置孤植树。由园林建筑组成的院落中,小型游憩建筑物正面的铺装场地上,亦可配置庇荫孤植树。但作为庇荫孤植树,最好选用地方树种。植物的健康发育,受地域性限制很强,如果不用地方性树种,就不可能有巨大开展的树冠,树木生长不良,也不可能产生很好的浓荫。例如在东北地区生长得十分开展的银白杨(Populus alba),在北京就没有巨大的开展树冠,到了华东就成了灌木状。华东生长巨大的、树冠开展到30m的悬铃木,到了北京变成了小乔木;到了沈阳等地,因受冻害,主干就不能形成,而形成为丛生状灌木了。

第二类,是单纯为了构图艺术上需要的孤植树,并不意味着只能有一株树,可以是一株树的孤立栽植,也可以是两株到三株组成的一个单元,但必须是同一个树种,株行距不超过1~1.5m,远看起来,效果如同一株树木一样,孤植树下不得配置灌木(图3-2)。

图3-1 广场中的孤植树

图3-2 高尔夫球场中孤植树景观

在园林构图上，作为观赏的孤立株，可设置在开朗宽广的大草坪、草原和高原上，或是山岗和小山上，或是在大水面的水滨。栽植孤植树时，所选树种必须特别巨大，才能与广阔的草地、平原、水面取得均衡。这些孤植树最好以天空、水面为背景。大草坪上的孤植树可以用草地作背景，但树木的色彩最好与草色有差异，观赏的孤植树，应该在姿态、体形、色彩、芳香等方面突出。

作为丰富天际线及水滨的孤植树，必须选用体形巨大、轮廓丰富、色彩与蓝色的天空和水面有对比的树种，例如樟树、榕树、油松、白皮松、圆柏、枫香、鸡爪槭、乌桕、凤凰木、木棉、银杏等最为适宜。

在林中草地、草坪、较小水面的水滨，孤植树的体形必须小巧玲珑，可以应用体形轮廓、色彩艳丽或线条上特别优美的树种，例如日本五针松（*Pinus parviflora*）、赤松（*Pinus. densiflora*）；红叶树如鸡爪槭及其各种品种、紫花槭（*Acer pseudo-sieboldianum*）、紫叶李等；花木可以用玉兰、樱花（*Prunus serrulata*）、碧桃（*Prunus persica* 'Duplex'）、紫薇、梅花等；花朵具有浓郁芳香的乔木，作为孤植树的价值很高，例如亚热带地区可用木犀、白兰等，可以使整个园林闻到花香。在背景为密林或绿地的场合下，最好应用花木或红叶树为孤植树。姿态线条色彩突出的孤立树，常常用作自然式园林的诱导树、焦点树。例如在小河的弯曲处、道路的转折处，蔽覆在进口或磴道的上空，犹如黄山的迎客松一样，特别吸引游人。中国的山水园中，在假山磴道口、悬崖上、高埠上、水边或巨石旁，也是配植孤植树的好地方。山水园的孤植树，树形、姿态、线条必须与山石调和，树姿应该盘曲苍古，合适的树种有赤松、日本五针松、梅花、黑松、紫薇等。此等孤植树之下，最好配以自然巨石，可供休息。

在园林透景框外方，例如圆窗外、月洞门外，以及树丛组成的透景空缺处，也是孤植树配置的良好位置。观赏孤植树在构图上有时作为建筑物的前配景、侧配景和后配景，姿态、色彩与建筑物既要调和，又要有对比。

孤植树在构图上并不是孤立存在的，它与四周的景物统一于园林的整个构图之中。孤植树可以是周围的景物配景，也可以周围景物是孤植树的配景。孤植树是风景的焦点，又是园林中从密林、树群、树丛过渡到另一个密林的形式之一。

孤植树是暴露的植物，因此那些需要空气湿度很高、强阴性的树木，或需要小气候温暖的树木，就不适于选为孤植树。在华北地区的北京，例如落叶松（*Larix principis-rupprechtii*）、红松（*Pinus koraiensis*）为阴性树种，需要空气湿度较高，如果选为孤植树则生长不良，甚至不能成活，这些树木，要在空气湿度较大的、有适度庇荫的森林环境中生长。如槲树、椴树（*Tilia cordata*）等树木，幼苗需要蔽荫，壳斗科的树木最好应用直播的方法来种植。运用这些树种作为近期的孤植树是有困难的，需要远近期结合起来设计，近期就作为密林设计，远期再逐步改造。又如玉兰、梅花、鸡爪槭、梧桐（*Firmiana simplex*）等暖温带树种，在北方地区已经是分布区的边缘树种，需要在温暖的小气候之下才能生长，因而不宜选为孤植树。

在结合生产方面，以果实、花具有经济价值的树木比较相宜。例如果实有经济价值的植物，在华南如芒果（*Mangifera indica*）、乌榄（*Canarium pimela*）、荔枝（*Litchi chinensis*）、罗望子（*Tamarindus indica*）、椰子、油棕（*Elaeis guineensis*）等树种；在华中如银杏、柿、梨（*Prunus bretschneideri*）、薄壳山核桃（*Carya illinoensis*）、板栗（*Castanea mollissima*）、苦槠（*Castanopsis sclerophylla*）、七叶树（*Aesculus chinensis*）、乌桕等树种；在华北如银杏、柿、苹果、梨、海棠、胡桃（*Juglans regia*）、薄

壳山核桃等树种，均甚相宜。花有经济价值的芳香植物，华南的白兰、黄兰（*Michelia champaca*）、华中的桂花，也可略有收入。但以树皮、木材为主的经济植物则不宜结合，孤植树位置显著，果实的管理困难较多。

在设计时，首先必须利用当地原有的成年大树作为孤植树，如果绿地中已有上百年或数十年的大树，必须使整个公园的构图与这种有利自然条件结合起来，使这种原有大树成为园林布局中的孤植树。这是最好的因地制宜的设计方法，可以提早数十年实现园林的艺术效果。如果没有大树可以利用，则宜利用原有的中年（生长10～20年）树木，在布局中留为孤植树，则可比周围的新栽树木快长。如果绿地中没有任何树木可利用，或是园林布局实在没有办法迁就原有大树，则设计的孤植树，需要用大树移植的办法。一般高达10～15m左右，重量不超过10t的树木，目前我国的技术水平是可以移植的。但是经济条件不允许移植大树时，则选用为孤植树的树种，必须为第一级的速生树木，同时施工时的树苗，又必须比园林中其他的树苗要高大。例如在华南地区，则以选用南洋楹（*Albizzia falcata*）、黄豆树（*Albizia procera*）、柠檬桉、白兰、木棉、凤凰木等速生树为园林中的近期孤植树为宜；如榕树、黄葛树（*Ficus virens var. sublanceolata*）、印度橡皮树（*Ficus elastica*）等慢生树木，则只能作为远期构图中的孤立木，不能作为近期孤植树。华中地区，如悬铃木、鹅掌楸（*Liriodendron chinense*）、枫香、薄壳山核桃等速生树木，可选为近期的孤植树；而樟树、苦槠、银杏、鸡爪槭等慢生树，只能作为远期构图中的孤植树。华北地区，如毛白杨（*Populus tomentosa*）、青杨（*Populus cathayana*）、白蜡树、白桦等速生树可选为近期的孤植树；而白皮松、油松、圆柏、榭树等慢生树，则只能作为远期的孤植树。

因此，在用3～5年生苗木建园的园林种植设计时，作为孤植树的设计，常常在同一草坪上，或同一园林局部中，要设计双套孤植树，一套是近期的，一套是远期的。远期的孤植树、在近期可以3～5年成丛的树木，近期作为灌木丛或小乔木树丛来处理，随着时间的演变，把生长势强的、体形合适的保留下来，把生长势弱的、体形不合适的移出。

3.2 对植

将数量大致相等的园林植物在构图轴线两侧栽植，使其互相呼应的种植形式，称之为对植。对植可以是2株树、3株树，或2个树丛、树群。对植在园林艺术构图中只作配景，动势向轴线集中。

对植多应用于大门两边、建筑物入口、广场或桥头的两旁。例如，在公园门口对植两棵体量相当的树木，可以对园门及其周围的景观起到很好的引导作用；在桥头两旁对植能增强桥梁的稳定感。对植也常用在有纪念意义的建筑物或景点两边，这时选用的对植树种在姿态、体量、色彩上要与景点的思想主题相吻合，既要发挥其衬托作用，又不能喧宾夺主。两株树的对植要用同一树种，姿态可以不同，但动势要向构图的中轴线集中，不能形成背道而驰的局面，影响景观效果。在自然式栽植中，也可以用两个树丛形成对植，这时选择的树种和组成要比较近似，栽植时注意避免呆板的绝对对称，但又必须形成对应，给人以均衡的感觉。

一般来说，对植的形式有两种：
1）规则式对植

这种对植常在规则式种植构图中应用，一般是将树种相同、体形大小相近、数目相同的乔灌木配植于中轴线两侧，常对植于建筑前、公园及广场入口两侧以及道路两旁(图3-3)。

对称式的种植中，一般需采用树冠整齐的树种，种植的位置不能妨碍出入交通和其他活动，并且保证树木有足够的生长空间。乔木距建筑墙面要5m以上，小乔木和灌木至少在2m以上。

2) 自然式对植

自然式对植可采用株数不同、树种相同的树种配植；也可以是两边相似而不相同的树种或两种树丛，树种需近似。两株或两个树丛还可以对植在道路两旁形成夹景(图3-4)。

图3-3 小游园入口规则式对植　　　　　　　图3-4 自然式对植

这种对植强调一种均衡的协调关系，要求树种统一，但大小、姿态、数量稍有差异。一般而言，大者与中轴线的距离应近些，小的应远些栽植，且两个栽植点的连线不得与中轴线垂直，形成较为自然的景观。自然式对植常用于自然式园林入口、桥头、假山蹬道、园中园入口两侧。

3.3　列植

列植是指将乔灌木按一定的株行距成列种植，形成整齐的景观效果。多应用于规则式园林绿地中以及自然式绿地的局部。列植是成行成带栽植，是对植的延伸，属于对称配置，所以列植树木要保持两侧的对称性，当然这种对称并不一定是绝对的对称。列植在园林中可作园林景物的背景，种植密度较大的可以起到分割隔离的作用，形成树屏，这种方式使夹道中间形成较为隐秘的空间(图3-5)。通往景点的园路可用列植的方式引导游人视线，这时要注意不能对景点形成压迫感，也不能遮挡游人(图3-6)。在树种的选择上要考虑能对景点起到衬托作用的种类，如景点是已故伟人的塑像或英雄纪念碑，列植树种就应该选择具有庄严肃穆气氛的圆柏(*Sabina chinensis*)、雪松(*Cedrus deodara*)等。列植应用最多的是公路、铁路及城市街道行道树，因为这些道路一般都有中轴线，最适

图3-5 形成隐秘空间的列植

宜采取列植的配置方式。在行道树的树种选择上，首先要有较强的抗污染能力，在种植上要保证行车行人的安全，然后还要考虑生态功能、遮荫功能和景观功能。

1) 列植的基本形式

(1) 等行等距

从平面上是正方形或品字形的种植点，应用于规则式绿地中。

(2) 等行不等距

行距相等，行内的株距有疏密变化，平面上看呈现不等边的三角形或四边形。可用于规则式园林中以及自然式园林的局部。

2) 列植的要点

(1) 列植宜选用树冠形状比较整齐的树种，如圆形、卵圆形、倒卵形、塔形等(图3-7)。

图3-6　具有引导作用的列植　　　　　　图3-7　树冠形状整齐的列植

(2) 列植株行距，取决于树种的特点、用途和苗木规格。行内的株距与行距的大小也应视树木的种类和所需要的郁闭度而定。一般而言，大乔木的株行距为5～8m；中、小乔木为3～5m；大灌木为2～3m；小灌木为1～2m；绿篱的种植株距一般为30～50cm，行距也为30～50cm。

(3) 列植多应用于硬质铺地及上下管线较多的地段，所以在种植时，要考察多方情况。

3.4　丛植

树丛是种植构图上的主景。树丛通常由2株到9株乔木组成，如果加入灌木，总数最多可以到15株左右。树丛的组合，一方面应该当作一个统一的群体来考虑，要考虑群体美，但另一方面，组成树丛的每一株个体树木，也都要能在统一的构图之中表现其个体美。树丛与树群的不同，一方面组成树丛的树木数量少，组成树群的树木数量多；但主要的不同是：设计树群时，并不把每一株树的全部个体美表现出来，主要考虑的是群体美，在林冠的树木只表现其树冠部分的美，林缘的树木只表现其外缘部分的美，如果把群体拆开，每株个体的树就不一定是美的了，所挑选树种没有像树丛那样挑选严格。可是树丛中的单株，如果拆开来，仍然有其独立的个体美。所以选择作为组成树丛的单株植物的条件与孤植树相似，必须挑选在蔽荫、树姿、色彩、开花或芳香等方面有特殊价值的植物。

树丛可以分为单纯树丛及混交树丛两类，在作用上，有作庇荫用的，有作主景用的，有作诱导用的,有作建筑物、假山等景物的配景用的。

树丛作主景时可以配置在大草地中央、水边、河湾或土丘土岗上。作为主景或焦点,四周要空旷,使主景突出;也可作为透景框的画景,也可以布置在岛屿上作为水景的焦点。在中国古典的山水园林中,树丛与岩石组合,可以设置在白粉墙前方、走廊或房屋的角隅,组成一定的画题;也可以作为路叉的屏障,又兼起对景的作用,也可以作为弯曲道路的屏障。

庇荫为主的树丛,不能用灌木及草本植物的配植,通常以树冠开展的高大乔木为宜,同时最好采用单纯一种树种,不取混交的形式。观赏为主的树丛,可以乔木灌木混合配植,可以栽植于土丘上,也可以在平地上,可以配以山石及多年生花卉,使成为一定的植物组合。现在就两株、三株、四株、五株、六株、七株、八株、九株的配植形式讨论如下:

1) 两株的配合

在构图上,须符合多样统一的原理,两株树必须既有调和又有对比,使两者成为对立的统一体,因此两株树的组合,首先必须有其通相,才能使二者统一起来;同时又必须有其殊相,才能使二者有变化和对比(图3-8)。

差别太大的两种不同树木,配置在一起是会失败的,例如,一株棕榈(*Trachycarpus fortunei*)和一株马尾松(*Pinus massoniana*)配置在一起;一株塔柏和一株龙爪柳(*Salix matsudana* 'Tortuosa')配植在一起;一株大乔木和一株灌木配植在一起;一株常绿树和一株落叶树配植在一起,因为对比太强无法统一,所以效果不好。因此首先要求同,然后再求异。两株的树丛最好采用同一个树种,同一树种的两棵树栽植在一起,在调和上是没有问题的,但是如果两株相同的树木,大小、体形完全相同,配植在一起时,则又万分刻板,因为没有对比。所以同

图3-8 两株丛植

一种树种的两棵树最好在姿态上、动势上、大小上有显著的差异,才能使树丛生动活泼起来。明朝画家龚贤说得好:"二株一丛,必一俯一仰,一猗一直,一向左一向右,一有根一无根,一平头一锐头,二根一高一下。"又说:"二株一丛,分枝不宜相似,即十树五树一丛,亦不得相似。二株一丛,则两面俱宜向外,然中间小枝联络,亦不得相背无情也。"以上都说明了两株相同树木,配植在一起,在动势、姿态与体量大小上,均须有差异和对比,才能生动活泼。一株的树丛,其栽植距离不能与两树树冠直径的二分之一相等,必须靠近,其距离要比小树的树冠小得多,这样方能成为一个整体。如果栽植距离大于成年树的树冠,那么就变成了两株独树而不是一个树丛。不同种、不同品种的树木,如果在外观上十分类似的时候,当然也不是不可以配植在一起。例如女贞(*Ligustrum lucidum*)和桂花为同科不同属的植物,但是由于同为常绿阔叶乔木,外观很相似,所以配植在一起十分调和。水曲柳(*Fraxinus mandshurica*)与花曲柳(*F. rhynchophylla*)为同属不同种的树木,但同为落叶乔木,外形很难分辨,配植在一起当然十分调和,至于同一个植物种之下的不同变种和品种,差

异更小，就更能一起配植了。例如红梅（*Pruns mume* 'Alphandii'）和绿萼梅（*P. mume* var. *viridicalyx*）相配，是很调和的。但是，在同一个植物种之下的不同变种和不同变型，如果外观差异太大，那么仍然不能配植在一起，例如龙爪柳和馒头柳（*Salix matsudana* 'Umbraculifera'）虽然同是旱柳（*Salix. matsudana*）的变型，但是由于外形相差太大，配在一起就会不调和。

2）三株树丛的配合

通相：最好三株为同一个树种，或外观类似的两个树种来配合，相差十分悬殊的两种树，不要配在一起。三株配合中，如果是两个不同树种，最好同为常绿树，或同为落叶树种；同为乔木或灌木。三株配合，最多只应用两个不同树种，忌用三个不同树种（如果外观不宜分辨，不在此限）。三株一丛除通相以外，还得有殊相。

明朝画家龚贤说："三株一丛，第一株为主树，第二第三树为客树……主树曲，客树直；主树直，则客树不得反猗矣。"又说："三树一丛，则二株宜近，一株宜远，以示别也。近者曲而俯，远者宜直而仰。三株一丛，二株枝相似，另一株枝宜变，株直上，则一株宜横出，下垂似柔非柔……三树不宜结，亦不宜散，散则无情，结是病。"

殊相：三株配植，树木的大小、姿态都要有对比和差异。栽植时，三株忌同在一直线上，也忌等边三角形栽植。三株的距离都要不相等，其中有两株，即最大一株和最小一株要靠近一些，成为一小组，中等大小的另一株，要远离一些，成为另一个组，但两个小组在动势上要呼应，构图才不致分割。在这种组合情况下，三株树木如果为两个树种，则最小一株为一个树种，而另外两株为另一个树种，这时，远离的一株要与靠拢的两株组合中大的一株树种相同，因而两个小组才能够统一而不致分割。三株树丛也可以最大一株与中间一株靠近，成为一小组，而最小株稍远离，此时如果是由两个树种组合，则中间一株为一树种，最大和最小两株共为一个树种，则两个小组不致分割。两种树种的组合，忌最大一株为一个树种，而另外两株又为一个树种，这样，在位置上容易趋向机械平衡，不分主次。

在具体配合中，例如在一株大乔木毛白杨之下，配植两株小灌木榆叶梅（*Prunus triloba*）；或在两株大乔木悬铃木之下，配植一株小灌木郁李（*Prunus japonica*），由于体盘差异太悬殊，所以虽然对比强烈，但不能调和，所以构图不统一。此外，由两个不同树种，例如一株常绿的云杉和两株落叶的龙爪槐（*Sophora japonica* 'Pendula'）配合在一起，由于体形和姿态对比太强，也不能使构图统一。

因此三株的树丛，最好为同一树种，而有大小姿态的不同。如果采用两个树种，最好为类似的树种，例如西府海棠（*Malus × micromalus*）与垂丝海棠（*M. halliana*）、毛白杨与青杨、榆叶梅与毛樱桃（*Prunus tomentosa*）、红梅与绿萼梅等（图3-9）。

3）四株树丛的配合

通相：完全为一个树种，或最多只能应用两种不同树种，而且必须同为乔木或灌木，如果应用三种以上的树种，或大小悬殊的乔灌木合用，就不容易调和；如果是外观极相似的树木，则可以超过两种以上。所以原则上四株的组合不要乔灌木合用（图3-10）。

殊相：树种上完全相同时，在体形上、姿态上、大小上、距离上、高矮上求不同。

树种相同时，分为两组，成3∶1的组合，按树木的大小，第①号、第③号、第④号组成一组，第②号独立，稍稍远离；或是①②④成组，③号独立，但是主体，最大一株必须在三株小组中，在三株的小组中仍然要有疏密变化，其中第①号与第③号靠近，第④号稍远离。四株可以组成一个外形为不等边的三角形，或不等角、不等边的四边形，这是两种基本类型，栽植点的标高最好亦有变化。

图 3-9　三株丛植

图 3-10　四株丛植

四株栽植，不能两两分组，其中不要有任何三株成一直线。当树种不同的时候，其中三株为一种，一株为另一种，另一种的一株又不能最大，也不能最小，这一株不能单独成为一小组，必须与其他一种组成一个三株的混交树丛，在三株的小组中，这一株应与另一株靠拢，在两小组中居于中间，不要靠边。四株的组合，不能两两分组，其基本平面应为不等角四边形和不等角三角形两种。如上的配合，可以使3∶1两个小组合为一个树丛，如果不同种的一株，独立成为一小组，那就会和整体脱离，使构图分割为二，不成为一个树丛，而是一株孤植树了。

4) 五株树丛的配合

五株树丛的第一种组合方式，五株同为一个树种(图 3-11)，可以同为乔木，同为灌木，同为常绿，同为落叶树，在这种场合下，每棵树的体形、姿态、动势、大小、栽植距离都要不同，五株配合中最理想的分组方式为 3∶2，就是分为三株和二株的两个小组，如果按树木大小分为五号，三株的小组应该是①②④成组，二株为③⑤成组；或是分为①③④一组，②⑤一组；或是①③⑤成组，②④成组。总之主体必须在三株一组中，其中三株小组的组合原则与三株树丛相同，两株小组的组合原则与两株树丛相同。但是这两个小组必须各有动势，两组的动势要取得均衡。

图 3-11　五株丛植

五株组合的另一种分组方式为4∶1，其中单株树木不要最大的，也不要最小的，最好为②③号树种，当然两小组距离上不能太远，动势上要有联系。

第二种组合方式：五株由两个树种组成，但一个树种必须为三株，另一个树种必须为两株，如果一个树种为一株而另一个树种为四株，就不合适。例如四株桂花配一株槭树，不如三株桂花配两株槭树来得好，因为这样二者容易均衡，五株由两个树种组合的方式是很多的。

(1) 常绿乔木甲三株配常绿乔木乙二株，例如：油松配白皮松。

(2) 常绿灌木甲三株配常绿灌木乙二株，例如：山茶(*Camellia japonica*)配含笑(*Michelia figo*)。

(3) 落叶乔木甲三株配落叶乔木乙二株，例如：平基槭配胡桃。

(4) 落叶灌木甲三株配落叶灌木乙二株，例如：太平花(*Philadelphus pekinensis*)配溲疏(*Deutzia Scabra*)。

以上这四种组合方式，虽然为两个不同树种组成但其相似的共同因素仍然很多，所以在两种树木配合中，最容易调和。

(5) 常绿乔木二或三株配常绿灌木三或二株，例如：广玉兰(*Magnolia grandiflora*)配山茶。

(6) 落叶乔木二或三株配落叶灌木三或二株，例如：鸡爪槭配贴梗海棠(*Chaenomeles speciosa*)。

以上两种组合方式，两个树种虽然有乔灌木之差，但仍然同为常绿或落叶，所以共同性很多，也容易调和，但是比第一组的配合就要困难些。

(7) 常绿乔木二或三株配落叶灌木三或二株，例如：松树配槭树。

(8) 常绿灌木二或三株配落叶灌木三或二株，例如：山茶配牡丹(*Paeonia suffruticosa*)。

这一组的两种组合方式又比第二组配合起来困难些。

(9) 常绿乔木二或三株配落叶灌木三或二株，例如：冬青配蜡梅。

(10) 落叶乔木二或三株配常绿灌木三或二株，例如：玉兰配山茶。

这一组的组合差异最大，所以配合中取得调和也最难，树种的组合有上列10种形式。但在配置的小组分配上，又可以分为两种，即1∶4和2∶3，但分离不能太远，其中以2∶3比较容易处理，现在先谈谈2∶3的组合。在平面布置上，基本可以分为两种方式，一为梅花形的，即四株分布为一个不等边四方形，还有一株在不等边四方形中央，另一种方式为不等边五边形，五株各为一角。3∶2组合的平面分布基本上为这两种方式，其中三株的小组又分为2∶1两组，但是其中任何三株树，都不许在同一直线上，应该为一三角形，任何两株的栽植距离不能相等。

当五株树丛由两个不同树种组合时，通常不能一个树种为四株，另一个树种为一株，例如四棵油松配一株紫丁香(*Syringa oblata*)，就很不协调，应该采用一种树种为三株，另一树种为两株，例如三株油松配两株元宝枫(*Acer truncatum*)。但五株树丛在配置上，有时也可分为一株和四株两个单元，也可以为两株和三株两个单元。当树丛分为1∶4两个单元时，三株的树种应分置两个单元中，两株的一个树种应置一个单元中，不可把两株的分为两个单元，如果要把两株一个树种分为两个单元，其中一株应该配置在另一树种的包围之中。当树丛分为3∶2两个单元时，不能一个种三株同一单元，而另一个树种，两株同一单元。

五株分为三株一个树种，两株另一个树种，在树种分配上是合适的，但是在配置上把两种树种分别为两个单元，使构图分割，不能统一。

树木的配植，株数愈多就愈复杂，但分析起来，孤植树是个基本，两株丛植也是个基本。三株是由两株、一株组成，四株又由三株、一株组成，五株则由两株、三株或三株、两株组成。如果熟练了五株的配植，则六、七、八、九株均无问题。《芥子园画谱》中说："五株既熟，则千株万株可以类推，交搭巧妙，在此转关。"其基本关键仍在调和中要求对比和差异，差异太大时又要求调和。所以株数愈少，树种愈不能多用，株数慢慢增多时，树种可以慢慢增多，但树丛的配合，在10~15

株以内对在外形相差太大的树种,最好不要超过5种以上,如果外形十分类似的树木,可以增多种类。

5) 六株以上的树木配植

六株树丛:可以分为2∶4两个单元;如果由乔灌木配合,可分为3∶3两个单元。但如果同为乔木或同为灌木则不宜采用3∶3的分组方式。2∶4分组时,其中四株又可以分为3∶1两个小单元,其关系为2∶4(3∶1)。六株的树丛,树种最好不要超过3种以上(图3-12)。

七株树丛:理想分组为5∶2和4∶3,树种不要超过4种以上。

八株的树丛:理想分组为5∶3和2∶6,树种不要超过4种。

图3-12 六株以上树木配植

九株的树丛:理想分组为3∶6及5∶4和2∶7,树种最多不要超过4种。

十五株以下的树丛:树种最好也不要超过5种,如果外观很相近的树木,可以多用几种。

山石亦可作为树木之一来配置,树丛之下还可以配置宿根花卉。

在中国传统的花卉翎毛的图画中,总是把假山石、乔木、灌木、多年生花卉结合为一个树丛。这种树丛在艺术构图上十分复杂,可以多多从传统的绘画中学习,同时在植物组成上也构成了一个小小的组合,对于植物生长更为有利,也更能反映自然植物群落的活泼景观。树丛的栽植地标高,最好高于四周的草地或道路,以利排水,同时在构图上也显得突出。

在中国古典园林的庭院中,树丛常以白粉墙为背景(犹如宣纸),配合山石,结合画题来设计,并用月洞门及园窗来框景,这种画题式的树丛所选树木,以姿态入画的小乔木、灌木及宿根花卉为主,同时多结合山石,有松、竹、梅岁寒三友,梅、兰、竹、菊四君子等习见的画题,也有仿名家笔意的画题。常用的植物有山茶、牡丹、鸡爪槭、翠柏(*Calocedrus.*)、松(*Pinus.*)、竹(*Gramineae.*)、梅、杜鹃(*Rhododendron simsii.*)、蜡梅(*Chimonanthus praecox*)、南天竹(*Nandina domestica*)、海棠、玉兰、迎春(*Jasminum nudiflorum*)、含笑、贴梗海棠、桂花、紫薇等;草本植物有:芭蕉(*Musa basjoo*)、玉簪(*Hosta plantaginea*)、萱草(*Hemerocallis fulva*)、百合(*Lilium brownii*)、射干(*Belamcanda chinensis*)、芍药(*Paeonia cactiflora*)、鸢尾(*Iris tectorum*)、菊花(*Dendranthema morifolium*)、喇叭水仙(*Narcissus pseudonarcissus*)、石蒜(*Lycoris radiata*)、万年青(*Rohdea japonica*)、沿阶草(*Ophiopogon japonicus*)、吉祥草(*Reineckea carnea*)等。(明)计成在所著《园冶》中说:"峭壁山者,靠壁埋也,藉以粉壁为纸石,为绘也;理者,相石皱纹、仿古人笔意,植黄山松柏、古梅美竹,收之园窗,宛然境游也"。指的就是这种树丛与假山结合的做法。古典园林在走廊、墙壁的角隅转折处,亦常用这种画题式的树丛,使角隅的生硬对立得到缓和与美化。

庇荫树丛的林下,用草地覆盖土面。树下可以设置天然山石作为坐石,或安置座椅。树丛之下,一般不得通过园路,园路只能在树丛与树丛之间通过。

树丛和孤植树一样,在树的四周,尤其是主要方向,要留出足够鉴赏的距离,通常最少的距离为树高的四倍以上,在这个视距以内要空旷,但这只是最小的距离,还应该让人能够走得更远去欣赏它。主要面最远能在高度的十倍距离内留出空地是比较理想的。

作为主景及透景框对景的树丛，要有画意，在岛屿上作为水景焦点的树丛，色彩宜鲜艳，以多用红叶树及花木为宜。

在道路交叉口、道路弯曲部分作为屏障的树丛，既要美观，又要紧密，因而以选用生长势强、生长繁茂的常绿树为宜，树丛的高度必须超过视点。在自然式园林的进口或园林的局部进口两侧，在不对称建筑的门口两侧，也可用树丛对植，以诱导游人。

树丛基本上仍然是暴露的，受气候的直接影响较大，因而需要空气湿度较高、阴性；需要森林气候的植物及需要温暖小气候的植物，一般不适选用。

通常，美观且果、花具有经济价值的树木，在树丛中应用，可以有一定的经济收益，例如海棠、苹果、梨、柿、胡桃、山楂(*Crataegus pinnatifida*)、金橘(*Citrus microcarpa*)等果树，含笑、栀子花、蜡梅、月季(*Rosa chinensis*)等香料植物，可以在树丛中结合生产，但由于树丛配植地点游人容易注目，因而管理费用很大。

3.5 群植

组成树群的单株树木数量，一般在20～30株以上，树群和树丛的基本差别，前面已经提到。

树群所表现的主要为群体美，树群也像孤植树和树丛一样，是构图上的主景之一，因此树群应布置在有足够距离的开阔场地上，例如靠近林缘的大草坪上、宽广的花中空地、水中的小岛屿上、有宽广水面的水滨。在树群的主要立面的前方，至少在树群高度的四倍、树群宽度的一倍距离以上，要留出空地，以便游人欣赏。

树群是由许多树木组合而成的，规模远远比孤植树和树丛来得大，因此树木组合就更应该考虑到植物群落组合时群体生态和生理的要求。

在暴露的植物中，环境的直接影响占优势；在郁闭的群落中，则是植物与植物有机体之间的相互作用占优势。

孤植树和树丛，是完全暴露的植物，所以树木之间的相互作用很小。例如许多强阴性的树木，需要空气湿度很高的树木，需要温暖小气候的树木，就很难选为孤植树。树群基本上也是暴露的群落，所以受环境的直接影响很大；但是又由于组成的树木很多，在群体外围的植物受环境作用大；在群体内部的植物，有机体之间的相互作用也很重要。

为了充分发挥植物有机体之间的相互作用，利用这些有利因素，不仅可以减少园林养护管理工作上的困难，而且同时又有可能引用更多样的、各种不同生态要求的植物种类。例如：在华东地区，山茶、夹竹桃(*Nerium indicum*)等常绿花木；在华北地区，玉兰、梅花、鸡爪槭、木槿(*Hibiscus syriacus*)、紫薇等喜暖植物，如果作为孤植树或在树丛中，常常因受寒而生长不良，需要花费很多劳力去从事防寒的工作，如果栽植在规模比较大的树群的东南向，就可以生长得更好，不仅冬季可以少受寒害，而且也可以防止夏季下午西方的日炙；喜欢阴性的木本植物如八角金盘(*Fatsia japonica*)、杜鹃等，如果在树丛或孤植的状态下，就需要人工搭起架子来庇荫，不仅损害了美观，而且还费了很多经费，如果在树群的北面乔木庇荫下栽植，则既能生长得健康、美观，而且还可以节省养护费用；在北京，如碧桃、樱花、半耐寒的月季，每年萌发新枝的紫薇灌丛，在树群的东南面栽植条件就有利得多，像玉簪、铃兰等宿根花卉，在树丛的阴面栽植生长就格外繁茂。

所以树群的组合最好采取郁闭的方式，但是树群在有机体之间的相互作用上，虽然有了有利条件，但毕竟与密林不同。因为树群即使规模很小，仍然是一个暴露的群落，受外界环境的直接影响还是很大，对于小气候改变的作用是很小的，因为树群在构图上的要求是四面都要空旷，树群内每株组成的树木，在群体的外貌上都要起一定的作用。也就是每株树木，都要能被鉴赏者看到。所以树群的规模不宜太大，太大在构图上不经济，因为郁闭树群的内部是不能允许游人进入的。如果规模太大，许多树木就互相遮掩，对于土地的使用也不经济，所以树群的规模一般其长度和宽度在50m以下，特别巨大乔木组成的树群可以更大些。树群一般不作庇荫之用，因为树群内部郁闭使游人无法进入，因而不利于作为庇荫休息之用，但是树群的北面，开展树冠之下的林缘部分，仍然可供庇荫休息之用。

树群可以分为单纯树群和混交树群两类。

单纯树群由一种树木组成，可以应用阴性的宿根花卉作为地被植物。

树群的主要形式乃是混交的树群。混交树群的组成最多可分为五个部分，即乔木层、亚乔木层、大灌木层、小灌木层及多年生草本植被五个组成部分。也可以分为乔木、灌木及草本三层。

树群中的每一层，都要显露出来，其显露部分应该是该植物观赏特征突出的部分。乔木层选用的树种，树冠的姿态要特别丰富，使整个树群的天际线富于变化，亚乔木层选用的树种最好开花繁茂，或者具有美丽的叶色，灌木应以花木为主，草本覆盖植物，应该以多年生野生花卉为主，树群下的土面不能暴露。

树群组合的基本原则：从高度来讲乔木层应该分布在中央，亚乔木层在外缘，大灌木、小灌木在更外缘，这样可以不致互相遮掩，但是其任何方向的断面，不能像金字塔那样机械，应该像桂林的山峰那样起伏有致，同时在树群的某外缘可以配置一两个树丛及几株孤立木。

从树木的观赏性质来讲，常绿树应该在中央，可以作为背景，落叶树在外缘，叶色及花色华丽的植物在更外缘，主要原则是为了互相不致遮掩，但是构图要打破这种机械的排列，只要能够照顾到在主要场合下互不遮掩就可以了，这样可以使构图活泼。树群外缘轮廓的垂直投影，要有丰富的曲折变化。其平面的纵轴和横轴切忌相等，要有差异，但是纵轴和横轴的差异也不宜太大，一般差异最好不超过1：3；树群外缘仅仅依靠树群的变化是不合适的，还应该在附近配上一两处小树丛，这样构图就格外活泼。

树群的栽植地标高，最好比外围的草地或道路高出一些，最好能形成向四面倾斜的土丘以利排水，同时在构图上也显得突出一些(图3-13)。

树群内植物的栽植距离也要各不相等，要有疏密变化。任何三株树不要在同一直线上，要构成不等边三角形，切忌成行、成排、成带的栽植，常绿、落叶、观叶、观花的树木，其混交的组合，不可用带状混交，又因面积不大，也可用片状块状混交。应该应用复层混交及小块状混交与点状混交相结合的方式。小块状，是指2~5株的结合，点状是指单株。

有些城市的公园中，一个树群，半边是常

图3-13 栽植地形成土丘以排水

绿的，半边是落叶的，应该改进。

现在许多城市园林中的树群通常中央是乔木，周边是一圈连续的灌木，灌木之外再围一圈宽度相等的连续的花带或花缘。这种就是带状混交的办法，这种构图不能反映植物自然群落典型的天然错落之美，没有生动的节奏，就显得机械刻板，同时也不符合植物的生态要求，管理养护困难，因此树群的外围，配置的灌木及花卉，都要成为丛状分布，要有断续，不能排列成为带状，各层树木的分布也要有断续起伏，树群下方的多年生草本花卉，也要成丛状或群状分布，要与草地成为点状和块状混交，外缘要交叉错综，并须有断有续。

树群中树木栽植的距离，不能根据成年树木树冠的大小来计算，要考虑水平郁闭和垂直郁闭，各层树木要相互蔽覆交叉，形成郁闭的林冠。同一层的树木郁闭度在 0.3~0.6 左右较好。疏密应该有变化，由于树群的组合，四周空旷，又有起伏断续，因此边缘部分的树冠，仍然能够正常扩展，但是中央部分及密集部分就可郁闭，不同层次树木之间的栽植距离，可以比树冠小，阴性树木可以在阳性树冠之下，树冠就可以互相垂叠蔽覆；树群内，树木的组合必须很好地结合生态条件。在某些城市中看到，在玉兰的乔木树群之下，用了阳性的月季花作为下木，但是强阴性的东瀛珊瑚（Aucuba japonica）却暴露在阳光之下。

作为第一层的乔木应该是阳性树，第二层亚乔木可以是半阴性的，分布在东、南、西三面外缘的灌木，可以是阳性或强阳性的，分布在乔木庇荫下及北面的灌木可以是半阴性的，喜暖的植物应该配置在南和东南方。

树群下方的地面应该全部用阴性的草地（用草或阴性的宿根草花）覆盖起来。但外缘不仅要富于变化，并切忌外缘连续不断。

树群的外貌，要注意四季的季相美观。

一般树群，应用树木种类（草本除外）最多也不宜超过 10 种，否则构图就杂乱无章，不容易得到统一的效果。

在重点公共园林中，凡是用于孤植树、树丛、树群的乔木，最好采用 10 年生的成年树，灌木最宜用 5 年生左右的。一般情况，用于上述种植类型的乔木，宜可选用 5 年生的；灌木以 3 年生以上的大苗为宜，不仅在种植时，意图中作第一层的大乔木的苗木要最高，第二、三、四层的苗木要依次降低，这样才能保持树群的相对稳定性。如果不是按着这样的规律设计与施工，则开始种植时是一种构图，过了几年，便颠倒过来，变成了另一种构图。北京的油松，作为树群第一层的林冠线是最理想的，第二层用平基槭红叶树，但是在生长速度上不相适应，油松又是阳性树，不能在树阴下生长，所以设计时近期只能作为阳性灌木来应用，远期演替为优势种。

所以树群构图，从相互之间的关系是否稳定，又可分为稳定树群和不稳定树群两类。单纯树群是相对稳定的树群。

混交树群：

(1) 稳定树群：在成年大树种植的情况下，乔木及灌木为常绿阔叶树，或常绿落叶阔叶树混交，以落叶阔叶乔木为第一层时，树木生长速度和发展后的树冠大小，和设计意图一致，是相对稳定的。

乔木为常绿阔叶树，灌木为常绿落叶混交或非混交时，亦是相对稳定的。

乔木为针叶树，灌木为小灌木（混交或非混交），亦能相对稳定。

乔木第一层为落叶大乔木，第二层为针叶树，灌木为混交或非混交小灌木，早期亦能相对稳定，但数十年以后就破坏稳定，落叶乔木衰老，针叶树上升为第一层。

(2) 不稳定树群：在种植时为小苗，常绿乔木和落叶乔木混交是不易稳定的，尤其是针叶树与快速生长的落叶乔木混交，更不能稳定，主要由于生长速度不同，但是亦可利用不稳定的特点，设计不稳定的演替景观，例如早期以落叶乔木为第一层，半阴性、阴性或幼树喜庇荫的常绿乔木为第二层；过了两三年，第一层衰老，第二层代替了第一层，再加以整理，除去衰老的，再补植一些落叶树。

树群可以作为主景，作为屏障、诱导；作为对植，几个树群环抱，可以组成闭锁空间，两个树群对植环抱起来，可以构成透景的画框。

因为树群规模较大，可以根据植物学植物群落结构的组成原则来搭配植物，同时在构图上，无论是林冠、林缘的轮廓，还是一年四季的季相都很丰富（图3-14）。因而，树群在植物配植上作为主景，是具有一定的规模和比较完整的。因此，树群也可根据植物的不同主题来设计，例如芳香树群，完全用芳香植物来构成树群，植物园展览区的种植类型中，应该以树群为主要形式。经济植物如：药用植物、油料、淀粉植物，也可以用乔灌木草本结合的树群来布置。分类区也可用同一科的乔灌木及草本植物组成一个树群来展览。在一定地区，还可以根据条件，设计若干定型设计，加以编号，以供设计时的选择应用，以提高设计速度。

图3-14 季相丰富的树群

如果施工时苗木较少，则须合理密植，要做出近期设计与远景设计两个方案。在图上要把逐年过密树移出的计划表明。

密植的株行距，可按远景设计株行距的1/3来计算。

一般树群、树丛，在条件许可时，速生乔木树种及速生灌木一般宜应用3年生以上的苗木来施工；中等生长度的乔木及常绿灌木，最好采取5年生以上的苗木；慢长的常绿针叶乔木，最好采用10年生以上的苗木，这样对于生长发育、管理及效果都比较有利。

3.6 林植

林植是在较大面积内呈片林状地种植单一或多种树木的乔灌木，从而构成林地或森林景观。多出现于自然风景区、大型自然公园、工矿场区的防护带、城市外围的绿化带等。在配植时除防护带应以防护功能为主外，一般要特别注意群体的生态关系以及养护上的要求。通常有纯林、混交林等结构。

在自然风景游览区中进行林植时应以造风景林为主，应注意林冠线的变化、疏林与密林的变化、林中下木的选择与搭配、群体内及群体与环境间的关系，以及按照园林休憩游览的要求留有一定大小的林间空地等措施。

较大规模的风景林，可称得上是特殊用途的森林，它是大面积园林绿地，特别是城郊森林公园和风景名胜区的森林植被景观。风景林的作用是保护和改善环境大气候，维持环境生态平衡；满足人们休息、游览与审美要求；适应对外开放和发展旅游事业的需要；生产某些林副产品。

在一般城市环境中，林植可构成一般的树林和林带，其结构可分为疏林和密林两大类，其设计要求有所不同。

3.6.1 疏林

水平郁闭度在0.4~0.6之间的风景林，多为纯乔木林，它舒适、明朗，适于游人活动，园林中运用较多，特别是春秋晴日，林下野餐、听音乐、游戏、练功、日光浴、阅览等，条件很理想，因此颇受游人欢迎。疏林按游人密度的不同，可设计成三种形式：

1）草地疏林

在游人密度不大，游人进入活动不会踩死草坪草的情况下设置。草地疏林设计中，树林株行距应在10~20m之间，不小于成年树树冠直径，其间也可设林中空地。树种选择要求以落叶树为主，树荫疏朗的伞形冠较为理想，树木生长健壮，对不良环境特别是通气性能差的土壤适应性强，树木以花、叶、干色彩美观，形态多，具芳香为好。所用草种应含水量少，组织坚固、耐旱，如禾本科的狗牙根和野牛草(*Buchloe dactyloides*)等(图3-15)。

图3-15 草地疏林

2）花地疏林

在游人密度大，不进入内活动的情况下设置。此种疏林要求乔木间距大些，以利于林下花卉植物生长，林下花卉可单一品种，也可多品种进行混交配置。花地疏林内应设自然式道路，以便游人进入游览。道路密度以10%~15%为宜，沿路可设座椅、石凳或花架、休息亭等，道路交叉口可设置花丛(图3-16)。

3）疏林广场

在游人密度大，又需要进入疏林活动的情况下设置。林下全部为铺装广场(图3-17)。

图3-16 花地疏林

图3-17 疏林广场

3.6.2 密林

密林是指水平郁闭度在0.7~1.0之间的风景林，可分为单纯密林和混交密林。

1) 单纯密林

单纯密林是由一个树种组成，简洁、壮观，但缺乏垂直郁闭景观和季相交替景观。为此在需要的情况下，可尽量利用起伏地形和异龄树疏密相间造林。风景林的外缘适当配置些树群、树丛和孤植树。林下可选用耐阴植物，其垂直结构一般为3～6层(图3-18)。

2) 混交密林

混交密林是由多种树木采取块状、带状或点状混交的方式形成的密林(图3-19)。设计中应注意：

图3-18 单纯密林

图3-19 混交密林

(1) 成层结构于密林的不同部位作不同处理。林缘部分垂直成层结构要突出，适当地段安排2层结构，以将游人视线引入林层内，形成幽深景观，并安排林高3倍以上的观赏视距。为诱导游人，主干路及小溪旁可配置自然式的花灌木带，形成林荫花径。自然小路旁，植物水平郁闭度可大，垂直郁闭度要小，最好2/3以上地段不栽高于视线的灌木，以便透视深林中的景观。

(2) 密林的水平郁闭度不应均匀分布。在需要能见度高的情况下，水平郁闭度可小于0.7；需要能见度低的情况下，水平郁闭度可大于0.7。同时要留出大小不同的林中空地。

(3) 密林的混交方式可用自然点、块状混交及常绿、落叶树混交。

(4) 混交密林的设计，基本与树群相似，但由于面积大，无需做出每株树的定点设计，只作几种小面积的标准定型设计就可以了。标准定型设计的面积为(25×20)～(25×40)m²。绘出每株树的定植点，注明地被植物并绘出植物编号表及编写说明书。设计图纸总平面图比例为1∶1000～1∶500，并绘出规划范围、道路、设施及标准定型设计编号。定型设计图比例为1∶250～1∶100。

3.7 绿篱

3.7.1 绿篱及其类型

凡是由灌木或小乔木以相等的株行距，单行或双行排列成行而构成的不透光、不透风结构的规则林带，称为绿篱或绿墙。

根据高度的不同，可以分为绿墙、高绿篱、绿篱、矮绿篱四种。高度在160cm以上，把人们的视线阻挡起来不能向外透视，这种树篱称为绿墙或树墙(图3-20)。高度在160cm以下、120cm以上，人们视线还可以通过，但其高度一般人已经不能跳越而过，这种绿篱称为高绿篱(图3-21)。

图 3-20 绿墙

图 3-21 高绿篱

高度在胸高 120cm 以下、50cm 以上，人们要比较费事，或十分费力才能跨越或跳越而过的绿篱，通常即称为中绿篱。中绿篱为一般园林绿地中最常用的绿篱(图 3-22)。

高度在 50cm 以下，人们可以毫不费事地跨过的绿篱，称为矮绿篱(图 3-23)。

图 3-22 中绿篱　　　　　　　　　　　图 3-23 矮绿篱

根据整形修剪的不同，绿篱还可以分为整形绿篱及不整形绿篱两类，把绿篱修剪为具有几何形体时则称为整形绿篱；如果仅作一般修剪，使绿篱保持一定高度，下部枝叶保持茂密，使绿篱半自然生长，并不塑造一定的几何形体，则称为不整形绿篱。

根据功能要求与观赏要求之不同，绿篱又可以分为：常绿篱、落叶篱、花篱、彩叶篱、观果篱、刺篱、蔓篱、编篱等八种类型。

1) 常绿篱

由常绿树组成，为园林中最常用的绿篱，绿篱的主要形式为常绿篱(图 3-24)。主要树种有：圆柏、杜松(*Juniperus rigida*)、侧柏(*Platycladus orientalis*)、石楠(*Photinia serrulata*)、红豆杉(*Taxus chinensis*)、罗汉松(*Podocarpus macrophyllus*)、大叶黄杨(*Euonymus japonicus*)、海桐(*Pittosporum tobira*)、女贞、小蜡(*Ligustrum sinense*)、水蜡(*L. obtusifolium*)、

图 3-24 常绿篱

冬青(Ilex chinensis)、锦熟黄杨(Buxus sempervirens)、雀舌黄杨(Buxus bodinieri)、月桂(Laurus nobilis)、珊瑚树(Viburnum awabuki)、蚊母树(Distylium racemosum)、凤尾竹(Bambusa glancescens 'Fernleaf')、观音竹(Bambusa glaucescens Var. riviereoram)、常春藤(Hedera helix)、茶树(Melaleuca alternifolia)等。其中圆柏、侧柏、红豆杉、罗汉松、女贞、小蜡、水蜡、加州水蜡、冬青、月桂、珊瑚树、蚊母树等树种，均可作为绿篱的材料。

2) 花篱

花篱由观花树木组成，为园林中比较精美的绿篱，一般在重点地区应用，主要树种有：常绿芳香花木：桂花、栀子花、九里香(Murraya exotica)、米仔兰(Aglaia odorata)。常绿花木：假连翘(Duranta repens)、叶子花(Bougainvillea spectabilis)、朱槿(Hibiscus schizopetalus)、六月雪(Serissa foetida)、凌霄(Campsis grandiflora)、迎春。落叶花木：溲疏、锦带花(Weigela florida)、木槿、毛樱桃、郁李、欧李(Prunus humilis)、黄刺玫(Rosa xanthina)、月季、珍珠花(Spiraea thunbergii)、麻叶绣线菊(Spiraea cantoniensis)、粉花绣线菊(Spiraea japonica)。其中的常绿芳香花木在芳香园中用作绿篱，尤为特色(图3-25)。

3) 彩叶篱

为了丰富园林景观色彩，绿篱有时用红叶或斑叶的观赏树木组成，可以使园林在没有植物开花的季节，也能有华丽的色彩(图3-26)。

图3-25 月季花篱

图3-26 彩叶篱

主要树种有：

(1) 叶红色或紫色为主，冬季不凋落者：

红桑(Acalypha wikesiana)，变叶木(Codiaeum variegatum)。

(2) 叶红或紫色，冬季凋落者：

紫叶小檗(Berberis thunbergii 'Atropurpurea')，华南、华中、华北。

紫叶刺檗(Orychophragmus violace)，华南、华中、华北。

(3) 叶具黄色或白色斑纹，冬季不落者：

黄斑叶珊瑚(Aucuba japonica var. variegata)，华南、华中。

金连珊瑚(A. japonica var. aureo-marginatum)，华南、华中。

各种斑叶黄杨(Buxus semper virens var.)，华南。

各种斑叶大叶黄杨(Euongmus. japonica var.)，华中、华南。

金叶桧(*Sabina chinensis* 'Aurea')，华中。
金叶千头柏(*Platycladus orientalis* 'Semperaurescens')，华中。
金心女贞(*Ligustrum. ovalifolium* var. *variegatum*)，华中。
黄脉金银花(*Lonicera japonica* 'Aureo-reiculata')，华中、华南。
(4) 叶具黄或白色斑纹，冬季凋落者：
白斑叶刺檗(*Bcrberis vulgariz* var. *albovariegata*)，华中、华北。
银边刺檗(*B. vulgaris* var. *argenteo marginata*)，华中、华北。
金边刺檗(*B. vulgaris* var. *autoo-marginta*)，华中、华北。
白斑叶溲疏(*Deutzia scabra* var. *pupetata*)，华中、华北。
黄斑叶溲疏(*D.* var. *marxnoratata*)，华中、华北。
彩叶锦带花(*Weigela hortensis* var. *vafiegala*)，华中、华北。
银边胡颓子(*Elaeagnus pungens* var. *argenteo-marginata*)，华中、华北。

上述所有彩叶树种，除华南的红桑及变叶木，大量扦插繁殖比较容易外，其余树种均需扦插繁殖，非常费工，因而要获得大量种苗，并不是一下可以办到的；同时许多白斑及黄斑叶品种，常常是植物的一种病态现象，所以生长势都比较弱，管理特别费工，因此彩叶篱除特别重点地区应用以外，一般地区不宜多用。

4) 观果篱

许多绿篱植物在果熟时可以观赏，别具一种风格(图 3-27)。
小檗(*Berberis thunbergii*)(落叶)，华中、华北。
紫珠(*Callicarpa dichotoma*)(落叶)，华中、华北。
枸骨(*Ilex corpora*)，华南、华中。
火棘(*Pyracantha fortuneana*)，西南、华北。

其中枸骨可以作为绿墙树种，观果篱以不加严重的规则整形修剪为宜，如果修剪过盛，则结实率减少，影响观赏效果。

5) 刺篱

在园林中，为了防范常常用带刺的植物作为绿篱或绿墙，比刺篱、钢丝经济美观(图 3-28)。常用的树种有：

图 3-27　观果篱

图 3-28　刺篱

(1) 常绿者：

枸骨，华南、华中。

圆柏，华南、华北。

枸橘(*Ponicus trifoliata*)，淮河以南。

柞木(*Quercus mongolica*)，华中。

宝巾(*Bougainvillea glabra*)，华南。

刺黑(*Berberis sargentiana*)，华中。

(2) 落叶者：

小檗，华中华北。

黄刺玫，华北。

马蹄针(*Sophora davidii*)，华北、西北、西南。

6) 落叶篱

在我国淮河流域以南地区，除了观花篱、观果篱及彩叶篱以外，一般不用落叶树作为绿篱，因为落叶篱在冬季很不美观(图3-29)。我国东北地区、西北地区及华北地区，由于缺乏常绿树种或常绿树生长过于缓慢，则亦采用落叶树为植篱。主要树种有：

紫穗槐(*Amorpha fruticosa*)

小檗

胡颓子(*Elaeagnus pungens*)

牛奶子(*E. umbellate*)

桂香柳(*E. angustifolia*)

雪柳(*Fontanesia fortuner*)

沙棘(*Hippohae rhamnoides*)

小叶女贞(*Ligustrum quihoui*)

鼠李(*Rhamnus davurica*)

榆树(*Ulmus pumila*)

7) 蔓篱

在园林或一般机关和住宅中，为了能够迅速达到防范或区别空间的作用，又由于一时得不到高大的绿篱树苗，则常常先建立格子竹篱、木栅围墙或是钢丝网篱，同时栽植藤本植物，攀缘于篱栅之上，另有一种特色(图3-30)。

图 3-29　落叶篱　　　　　　　　　　图 3-30　蔓篱

如网球场外围，为了防止网球飞越过远，增加捡球距离，因而常用钢丝网墙阻挡，这种网墙上也需要攀缘植物加以美化。

8）编篱

为了加强绿篱的防范作用，避免游人或动物穿行，有时把绿篱植物的枝条编结起来，成为网状或格栅的形式。

常应用的植物有：

木槿（*Hibscus syriacus*）

雪柳

紫穗槐

杞柳（*Salix integra*）

3.7.2 绿篱植物的选择

各种植篱有不同的选择条件，但是总的要求是该种树木应有较强的萌芽更新能力和较强的耐阴力，以生长较缓慢、叶片较小的树种为宜。一般绿篱的树种应有以下条件：

(1) 生长势强，耐修剪。

(2) 底部枝条与内侧枝条不易凋落。

(3) 叶子细小，枝叶稠密。

(4) 适应当地生态条件，抗病虫害、尘埃、煤烟等。

3.7.3 绿篱的园林用途

绿篱的用途，大抵有以下几个方面：

1）防范及围护

防范是绿篱最古老、最普遍的功能作用。人类最初应用绿篱主要是为了防范，随着历史的演变，才逐渐出现了其他的用途。

绿篱可以作为一般机关、学校、工厂、医院、花园、公园、果园、住宅等单位防范和保卫的周界以阻止行人进入，这种植物的防范性周界比围墙、竹篱、栅栏或刺钢丝篱等防范性周界在造价上要经济得多，而且如果结合得好还有一定的收入，也比较美观（图 3-31）。

作为周界的防范性绿篱，一般均为高篱或树墙的形式，防范要求较高，则可采用刺篱为高篱或树墙，或在绿篱内面。在刺篱初建时，由于树苗幼小，生长不够密，高度不够，则可先设刺钢丝围篱，待刺篱完全形成后，再行拔去。治安保卫要求特高的单位，就不可能用树墙作为周界。

防范性绿篱一般用不整形的形式，但观赏要求较高的进口附近仍然应用整形式。

图 3-31　具围护作用的绿篱

机关单位、街坊或公共园林内部某些局部，除按一定路线通行以外，不希望行人任意穿行时，则可用绿篱围护。例如园林中的观赏草地、基础栽植、果树区、游人不能入内的规则观赏种植区等，常常用绿篱加以围护，不让行人任意穿行。这类绿离围护要求较高时，可用中绿篱；如果观赏要求较高时则可用矮绿篱加以围护。围护性绿篱一般多用整形式，观赏要求不高的地区可用不整形式。此外绿篱还可以组织游人的路线，不能通行的地区用绿篱加以围护，能通行的部分则留出路线。

2) 作为规则式园林的区划线和装饰图案的线条

许多规则式园林，以中篱作为分区界线，以矮篱作为花境的镶边、花坛和观赏草坪的图案花纹（图 3-32）。作为装饰模纹用的矮篱，一般用黄杨、九里香、大叶黄杨、圆柏、日本花柏（*Chamaecyparis pisifera*）等为材料，其尤以雀舌黄杨和欧洲紫杉（*Taxus baccata*）最为理想。因为黄杨生长缓慢，纹样不易走样，比较持久。比较粗放的纹样，也可以用常春藤组成。

3) 屏障和组织空间

规则式园林中常常应用树墙来屏障视线，或分隔不同功能的园林空间。以树墙来代替建筑中的照壁墙、屏风墙和围墙（图 3-33）。这种绿篱最好用常绿树组成的高于视线的绿墙形式。通常在自然式园林中的规则式空间，可以用绿墙包围起来，使两种不同风格的园林布局的强烈对比得到隐蔽。儿童游戏场或露天剧场、露天舞池、旱冰场、网球场等运动场地与安静休息区分隔起来，以屏障视线、隔绝噪声、减少相互间的干扰。

图 3-32 装饰图案的绿篱

图 3-33 组织空间的绿篱

4) 作为花境、喷泉、雕像的背景

西方古典园林中，常用欧洲紫杉及月桂树等常绿树修剪成为各种形式的绿墙作为喷泉和雕像的背景，其高度一般要与喷泉和雕像的高度相称。色彩以选用没有反光的暗绿色树种为宜。作为花境背景的绿篱一般均为常绿的高篱及中篱（图 3-34）。

5) 美化挡土墙

在规则式园林中，在不同高程的两块台地之间的挡土墙，为避免在立面上的单调枯燥起见，常在挡土墙的前方或上方栽植绿篱，把挡土墙的立面美化起来（图 3-35）。

图 3-34 作为背景的绿篱

图 3-35 装饰挡土墙(蔓长春绿篱)

3.7.4 绿篱的栽植与养护

1) 绿篱的栽植

栽植绿篱的要点：

(1) 栽植时间一般在春天，在植株幼芽萌动之前。

(2) 栽植密度取决于苗木的高度和将来枝条伸展的幅度。如果苗木的高度为0.6m，则栽植的株距约为0.3m。

(3) 栽植时根据苗木现有枝条的情况，仔细考虑其栽植的位置，以及伸展过长的枝条或与邻近植株交叉的枝条。

(4) 栽植时挖沟，应清除杂草、石块、垃圾、其他植物的根等。若土壤贫瘠，应以肥土置换，同时注意土壤的排水。

(5) 为防止苗木倒伏，可采用简单的篱笆或竹竿支撑。回填土壤后应立即浇透水，压实土壤之前，确保用细绳把苗木绑扎于支撑物上。

(6) 较难移植的植物应使用容器苗。

2) 绿篱的养护

(1) 绿篱成形前的养护

栽植后的第一年应及时剪去徒长枝。栽植后的第二年及以后的修剪，则保留新萌发枝条1/3~2/3的长度以及2~3个芽，其余全部剪去，这样可使植株之间不留空隙，植物顶部生长比下部生长旺盛，所以顶部须重剪。

翌年春季补植更换枯死的苗木，及时补充肥料。

每年修剪两次，时间约在6月或8月底。

绿篱定型前，应修剪下部的枝条，以保证萌发一定数量的新枝条，修剪就是为了确保绿篱有美丽整齐的外观。

植物的生长速度因种类而异，从幼苗长成标准绿篱约需3~4年时间。

(2) 绿篱成形后的养护

① 整形。主要应用于规则式绿篱，使绿篱内外两侧、顶部及转角处都是平直的。修剪顶部时，先在目标高度的位置拉线，确保这条线呈水平，然后根据这条水平线进行修剪。修剪绿篱内外侧平

面时，一般先修剪中部，然后是上部，最后是下部。

② 剪枝。调整徒长枝、弱枝、过密枝和缠绕枝的生长。对于自然式绿篱、半规则式绿篱和藤蔓绿篱，这些措施都是必需的。

③ 施肥。为了确保绿篱植物的生长，在植株处于休眠期的时候应及时施用缓效化肥。

④ 防病虫害。

3.8 花坛

3.8.1 花坛的特征及其类型

一般花坛是在具有一定几何形轮廓的植床内，种植各种不同色彩的观赏植物而构成一幅具有华丽纹样或鲜艳色彩的图案画，所以花坛是用活植物构成的装饰图案。花坛的装饰性是以其平面的图案纹样或花卉开花时华丽的色彩构图为主题的，个体植物的线条美，花和叶的形态美，个体植物的体形美，都是花坛所要表现的主题。花坛内栽植的观赏植物，都要求有规则的体形，经过整形的常绿小乔木，可以在花坛内栽植，但是自然形的乔木不能在花坛内种植。花坛按其表现主题之不同、规划方式之不同、维持时间长短之不同有种种不同之分类。

1) 按表现主题之不同的分类

(1) 花丛式花坛

花丛式花坛也可以称为"盛花花坛"。

花丛式花坛是以观花草本植物花朵盛开时，花卉本身群体的华丽、色彩为表现主题。选为花丛花坛栽植的花卉必须开花繁茂，在花朵盛开时，植物的枝叶最好全部为花朵所掩盖，使达到见花不见叶的地步。所以花卉开花的花期必须一致，如果花期前后零落的花卉，就不能得到良好的效果。叶大花小，叶多花少，以及叶和花朵稀疏而高矮参差不齐的花卉，就不宜选用。所以花丛花坛，也可称为"盛花花坛"。各种花卉组成的图案纹样，不是花丛花坛所要表现的主题。图案纹样在花丛式花坛内是属于从属的地位，花卉本身盛花时群体的色彩美，在花丛花坛内属于主要的地位。

花丛式花坛，可以由一种花卉的群体组成，也可以由好几种花卉的群体组成，花丛式花坛由于平面长和宽的比例不同，又可以分为：花丛花坛、带状花丛花坛和花缘三类。

① 花丛花坛：个体花丛花坛，不论种植床的轮廓为何种几何形体，只要其纵轴和横轴的长度之比，在1:3～1:1之间时，可称为花丛花坛（图3-36）。

花丛花坛的表面，可以是平面的，也可以是中央高、四周低的锥状体，也可以成为中央高、四周低的球面。当花丛花坛的剖面成三角形时，则称为"锥状花丛花坛"，如果剖面为半圆形时，则可称为"球面花丛花坛"。

② 带状花丛花坛：花丛花坛的短轴为

图 3-36 花丛花坛

1，而长轴的长度超过短轴的3~4倍以上时就称为带状花丛花坛。带状花丛花坛有时作为配景，有时作为连续风景中的独立构图，宽度一般在1m以上，与花丛花坛一样有一定的高出地面的植床，植床的周边由边缘石装饰起来(图3-37)。

③ 花缘：花缘的宽度，通常不超过1m以上，长轴的长度比短轴的长度要大很多，至少在4倍以上。花缘由单独一种花卉做成，花缘通常不作为主景处理，仅作为花坛、带状花坛、草坪花坛、草地、花境、道路、广场、基础栽植等的镶边之用。花缘没有独立的高出地面并用边缘石装饰起来的植床(图3-38)。

图3-37 带状花丛花坛

图3-38 花缘

花丛式花坛花卉花朵盛开时，群体的华丽色彩为构图的主题，所以花坛的外形几何轮廓可以比模纹花坛丰富些，但是内部图案纹样力求简洁，只有同种植物、花期完全一致的华丽花卉，才有可能组成复杂图案。不同种类的开花植物，组成复杂的盛花图案是不容易成功的，所以不同植物结合时，图案应用简单些。

为了维持花丛式花坛花朵盛开时的华丽效果，花丛式花坛的花卉必须经常更换。通常多应用球根花卉及一年生花卉，一般多年生花卉不适宜选作花丛式花坛应用。花丛式花坛的植物，在开花以前的苗圃中可以进行摘心，但在开花时不进行修剪。

(2) 模纹式花坛

模纹式花坛也可以称为嵌镶花坛，模纹式花坛表现的主题，与花丛式花坛不同。模纹式花坛不以观赏植物本身的个体美或群体美为表现的主题，这些因素在模纹式花坛内居于次要的地位。应用各种不同色彩的观叶植物或花叶兼美的植物所组成的华丽复杂的图案纹样，才是模纹式花坛所要表现的主题。由植物所组成的装饰纹样，在模纹式花坛内居于主要的地位。

例如通常模纹花坛所应用的红绿草(*Alternanthera bettzickiana*)，如果一种色彩的红绿草就不可能产生华丽的效果，这与大片的郁金香(*Tulipa gesneriana*)花群相比较，就显得黯然失色了，但是如果用红黄两种红绿草组成毛毡花坛时，就成了一幅精美得像地毯一样华丽的装饰图案，这时与郁金香花群比较起来，就各有千秋了。

模纹式花坛因为内部纹样繁复华丽，所以植床的外形轮廓应该比较简单。

① 带状模纹花坛：模纹花坛的长轴比短轴长，超过3倍以上时(长轴：短轴>3∶1)称为带状模纹花坛(图3-39)。

② 毛毡花坛：应用各种观叶植物，组成精美复杂的装饰图案，花坛的表面，通常修剪得十分平整，使成为一个细致的平面或和缓的曲面，整个花坛好像是一块华丽的地毯，所以称为

毛毡花坛(图3-40)。各种不同色彩的红绿草是组成毛毡花坛最理想的植物材料,红绿草可以组成最细致精美的装饰纹样,可以做出2~3cm的线条来,而且色彩上又有鲜红色的、金黄色的、绿色的、紫红色的、古铜色的种种不同。叶子又很细密,品种的不同,叶子也有大小的不同,这对于图案组成也很有利,当然毛毡花坛也可应用其他低矮的观叶植物,或花期较长花朵又小又密的低矮观花植物来组成,但选用植物必须高矮一致、花期一致,而且观赏期要长。因为毛毡花坛设计和施工都要花很大的劳动,所花的费用很大,如果观花期很短就不经济了。

图3-39 带状模纹花坛

图3-40 毛毡花坛

③ 彩结花坛：彩结花坛,主要应用锦熟黄杨以及其他多年生花卉如紫罗兰(*Matthiola incana*)、百里香(*Thymus vulgaris*)、薰衣草(*Lavandula officinalis*)等,按照一定的图案纹样种植起来。这种纹样主要是模拟由绸带编成的绳结式样而来的,所以图案的线条粗细都是相等的。结子的纹样,都是由上述植物组成,条纹与条纹之间,有时用草坪为底色,有时用各种色彩的石砂铺填,使图案格外分明,后来图案的纹样也有了各种变化。

④ 浮雕花坛：毛毡花坛的表面是平整的,浮雕花坛的装饰纹样一部分凸出于表面,另一部分凹陷,好像木刻和大理石的浮雕一般,通常凸出的纹样由常绿小灌木组成,凹陷的平面栽植低矮的草本植物(图3-41)。

(3) 标题式花坛

标题式花坛,在形式上和模纹式花坛是没有区别的,但其表现的主题就不相同了,模纹式花坛的图案完全是装饰性的,没有明确的主题思想。但是标题式花坛,有时是由文字组成的,有时是具有一定含意的图徽或绘画,有时是肖像,标题式花坛是通过一定的艺术形象来表达一定的思想主题的。标题式花坛最好设置在坡地的倾斜面,并用木框固定,这样可以使游人看得格外清楚。

① 文字花坛：各种政治性的标语,提高生产积极性的口号都可作为文字花坛的题材。也可以用文字花坛来庆祝节日,或是表示大规模展览会的名称；有时公园或风景区的命名,也可以用木本植物组成的文字花坛来表示(图3-42)。有时文字标题可以与绘画相结合,好像招贴画一样,例如一幅世界和平的花坛,除了文字以外,还可以有飞翔的和平鸽的图画来象征。在文字的周围应该用图案来装饰。

图3-41 浮雕花坛

图3-42 文字花坛

② 肖像花坛：革命导师、人民领袖以及科学和文化上的伟人肖像，也可以作为花坛的题材。肖像花坛的设计和施工都比较复杂，是花坛中技术性最高的一种。肖像花坛一般只以用红绿草来组合最好，用其他植物栽植都有一定的困难，上海鲁迅公园有过鲁迅的肖像花坛。

③ 图徽花坛：国徽、纪念章、各种团体的徽号都可作为花坛的题材，例如国旗、红星、象征工农联盟的镰刀和铁锤，都是花坛的题材。医院可用红十字图案，铁路可用车头和铁轨的徽号，图徽是庄严的，设计必须严格符合比例尺寸，不能任意改动（图3-43）。

④ 象征图案花坛：象征图案花坛的图案也有一定的象征意义，但并不是像徽章或徽号那样具有庄严及固定不变的意义，图案的设计可以任意（图3-44）。例如在歌舞剧院的广场上，可以用竖琴作花坛的图案；农业展览会可用麦穗的图案；运动场可用掷铁饼者的形象来作花坛；儿童公园可用童话故事来作花坛。

图3-43 图徽花坛

图3-44 南京中山陵象征图案花坛

(4) 装饰物花坛

装饰物花坛也是模纹花坛的一种类型，但是这些花坛具有一定实用的目的。

① 日晷花坛：在公园的空旷草地或广场上，用毛毡花坛植物组织出12小时图案的底盘，然后在

底盘南方竖立一支倾斜的指针。这样在晴朗的日子，指针的投影就可从上午7时到下午5时为我们指出正确的时间来。日晷花坛不能设立在斜坡上，应该设立在平地上。

② 时钟花坛：用毛毡花坛植物种植出时钟12小时的底盘。花坛本身应该用木框加固，花坛中央下方安放一个电动的时钟，把指针露在花坛的外边，时针花坛最好设置在斜坡上（图3-45）。

③ 日历花坛：在毛毡花坛上，用文字做出年、月、日，整个花坛最好有木框范围起来，其中年、月、日的文字再用小木框种植，底盘上留出空位，这样就可以更换。日历花坛最好安置在斜坡上。

④ 毛毡饰瓶：在西方园林中，常常用大理石或花岗石雕成的饰瓶作为园林的装饰物，这种饰瓶可以安置在花坛中央、进口两旁、石级两旁栏杆的起点和终点等地方。毛毡饰瓶，是用铁骨作为骨架，扎成饰瓶的轮廓。中央用苔藓填实，并放入通气管和浇水管。外面用粘湿的土壤塑成一个饰瓶，然后在饰瓶的表面种红绿草，组成各种装饰的纹样，就像景泰蓝花瓶一样。这种毛毡饰瓶，通常多设置在独立花坛的中央，以供观赏。但是栽植植物的土壤要经常保持适度湿润，太干了饰瓶要开裂而破坏，太湿了植物要霉根。

(5) 草坪花坛

大规模的花坛群和连续花坛群，如果完全按花丛式花坛或模纹式花坛来种植，则管理费用和建筑费用是非常庞大的，因为花坛维持时间不经久，又要时常更换植物，所以格外不经济。如果管理不周，非但不能收到美观的效果，反而会引起相反的作用。因此在街道、花园街道、大广场上、除重点地方及主要的花坛采用模纹式花坛或花丛式花坛外，其余较次要的花坛，就采用草皮花坛的形式（图3-46）。

图3-45 时钟花坛

图3-46 草坪花坛

草坪花坛布置在铺装道路和广场的中间，植床有一定的外形轮廓，植床高出于地面，并且有边缘石装饰起来。草坪花坛之内和花坛一样，是观赏的，不许游人入内游憩。如果是四周被道路包围起来的矩形空地，虽然也有路缘石围起来，这些矩形空地上也铺上了草坪，同时也不许游人进入，可是这种在构图上并不作为装饰主题来处理的一般性的草坪，只能称为观赏草坪，不能称为草坪花坛。草坪花坛在整个构图上是装饰主题之一，在外形轮廓和布局上以及花坛群的组合上，是有一定的艺术处理的，同时在整个范围内，面积也比较小，如果在一个广场内，道路面积很小，草坪很大，那么只能说在草地上有道路。如果广场的铺装面积很大，铺装场上设置面积小于广场铺装面积的许多经过艺术处理的种植床，植床内铺了草坪，这样的植床，就称为草坪花坛。草坪花坛的表面要求修剪得平整，草坪花坛为了求得较华丽的效果时，可以用花叶并美的多年生花卉的花缘来镶边，有时用常绿的木本矮篱来镶边。

草坪花坛选择的草种，最好是禾本科及莎草科观赏价值很高、但适应性也比较强的植物，草种可以不必耐踩，但是返青要早，秋天枯黄期要晚。

良好的草坪花坛草种，详见本章第3.2节观赏草地用草种，这里不再重复。

除观赏草种外，一般的草坪用草种也都可以作为草坪花坛栽培，此外草坪亦可用于模纹花坛。并可以为花丛花坛镶边。

2）依据规划方式之不同的分类

花坛的规划方式，与鉴赏者的视点位置有关，当鉴赏者在某一固定视点下可以满意地鉴赏整个构图的时候，这种风景称为静态风景。如果一个构图，不论在任何一个固定视点下都不能满意地鉴赏，而需要鉴赏者移动视点，从构图的起点逐步地、局部地、连续地去鉴赏这个构图，然后才能了解构图的整体，这种风景称为连续风景，属于动态风景的构图；有的是属于静态风景的花坛，有的是连续风景花坛。例如独立花坛是静止景观的花坛；带状花坛、连续花坛群、连续花坛组群，则是连续风景的花坛。

（1）独立花坛

独立花坛并不意味着在构图中是独立或孤立存在的。构图整体中的任何局部或个体，都和构图中任何其他的局部或个体有着血肉的联系。艺术构图中，没有偶然的结合，都是牵一发而动全身的，但是独立花坛是主体花坛，独立花坛总是作为局部构图的一个主体而存在的。独立花坛可以是花丛式的、模纹式的、标题式的或是装饰物花坛，但是独立花坛一般不宜采用草坪花坛（图3-47）。草坪花坛作为构图主体是不够华丽的，独立花坛通常布置在建筑广场

图3-47 独立花坛

的中央、街道或道路的交叉口、公园的进出口广场上、小型或大型公共建筑正前方、林荫花园道的交叉口；由花架或树墙组织起来的绿化空场中央，都可以设置独立花坛。在花坛群或花坛组群构图中独立花坛是主体、是构图中心，独立花坛的长轴和短轴的差异，不能大于1:3的差异。带状花坛不适宜作为静态风景的独立花坛，独立花坛外形平面的轮廓不外乎三角形、正方形、长方形、菱形、梯形、五边形、六边形、八边形、半圆形、圆形、椭圆形，以及其他的单面对称或多面对称的花式图案形，独立花坛的外形平面总是对称的几何形，有的是单面对称的，有的是多面对称的。独立花坛面积不能太大，因为独立花坛内没有通路，游人不能进入，如果面积太大，远处的花卉就模糊不清，失去了艺术的感染力。当独立花坛内部设置了通路，把花坛划分为由几个局部组成的整体时，这个花坛的整体就应该称为花坛群而不宜称为独立花坛了。独立花坛可以设置在平地上，也可以设置在斜坡上。独立花坛的中央，有时没有突出的处理。当需要突出处理时，有时用修剪的常绿树作为中心，有时用饰瓶或毛毡饰瓶，有时则用雕像（俄罗斯莫斯科高尔基文化休

息公园中圆形的独立花坛，就是以装饰雕像为主体的）。

(2) 花坛群

花坛群曾经在 17 世纪的法国园林中盛行一时。在 17 世纪路易十四时的法国，由历史上有名的造园大师勒纳特(Le Notre)设计的凡尔赛宫苑，主要是由大规模的花坛群组成的(图3-48)。

这里所说的花坛群是：当许多个花坛组成一个不能分隔的构图整体时，称为花坛群，花坛与花坛之间为草坪或铺装场地。这种花坛群，其长轴和短轴的长短差异不超过1∶3的比例，花坛群是由许多个体花坛排列组合而成的。其排列组合是有规则的，花坛群总是对称的，至少是单面对称。单面对称的花坛群，许多花坛就对称地排列在中轴线的两侧。多面对称的个体花坛就对称地分布在许多相交轴线的两侧，这种花坛群，在纵轴和横轴交叉的中心，就成为花坛群的构图中心。独立花坛可以作为花坛群的构图中心，独立花坛必然是对称的，但是构成花坛群的其余个体花坛本身就不一定是对称的了，当然也可以是对称的。除了独立花坛可以作为花坛群的构图中心外，有时水池、喷泉、纪念碑，主题性的、纪念性的或装饰性的雕塑，也常常作为花坛群的构图中心。

图3-48 花坛群

当面积很大的建筑广场中央，大型公共建筑前方，或是规则式园林的构图中心，需要布置独立花坛作为构图的主体时，这个独立花坛的面积为了与广场和绿地取得均衡，就必然也有很大的面积。当独立花坛的面积过于庞大，如果其短轴的长度超过7m的时候，站在地平面上的游人，对于花坛中央部分就看不清楚，所以对于艺术感染力来说，过大的独立花坛是不利的。同时从园林的游憩功能上来说，大面积的独立花坛因为占有很大面积，就不能容纳更多的游人，所以在游园的游人容纳量上是不经济的。为了解决以上矛盾，在大面积的建筑广场或规则式的绿化广场上布置大面积的花坛群，要比布置大面积的独立花坛有利得多。

最简单的主体花坛群是由3个个体花坛组成的，其中一个是主体，另外两个是客体，复杂的花坛群，可以由5个、7个、9个甚至更多的个体花坛来组成，最简单的配景花坛群，可以是布置在中轴线左右的两个对称的花坛(每个个体花坛本身是不对称的)。花坛群内部的铺装场地及道路，是允许游人活动的。大规模的铺装花坛群内部还可以设置座椅、花架，以供游人休息。花坛群可以全部采用模纹式的，或是花丛式的花坛来组成。

但是由于规模很大，为了经济起见，其中主体花坛可以采用花丛式或模纹式。次要的外围的个体花坛可用有花缘镶边的草坪花坛，小型的规则式的专类花园、最小型的规则式广场花园，有时就由一个花坛群组成。花坛群因为要便于游人活动，所以不能设置在斜坡上，但是平地上的花坛群很大，由于视角很小，所以整个构图不容易看清楚，艺术效果不好。为了补救这个缺点，如果遇到四周为高地，而中央为下沉的平地时，就把花坛群布置在低洼的平地上，当然这块下沉的平地，也该有地下的排水设备，以免积水，这种下沉的花坛群称为沉床花园。当游人在高地时，沉床花坛群是能够更满意地鉴赏花坛群的整个构图的。

(3) 花坛组群

由几个花坛群组合成为一个不可分割的构图整体时,这个构图体就称为花坛组群(图3-49)。花坛组群的规模要比花坛群更大。花坛组群仅仅是一个艺术的构图,花坛组群是规则式园林中游憩场地之一,必需很好地结合游人游憩的要求。

花坛组群通常总是布置在城市的大型建筑广场上,大型的公共建筑前方,或是在大规模的规则式园林中。花坛组群的构图中心常常是大型的喷泉、水池、雕像。此外在构图的次要部分常常用华丽的园灯来装饰。

(4) 带状花坛

前面已经提到过,宽度在1m以上,长度比宽度大3倍以上的长形花坛称为带状花坛。带状花坛不能作为静态风景的构图主体,对于带状花坛的鉴赏,游人的视点必须运动,所以带状花坛是连续构图。在连续风景中,带状花坛可以作为主体来运用,例如在道路中央或林荫花园道的中央,可以布置带状花坛作为主体。此外带状花坛可以作为配景,例如作为观赏草坪、草坪花坛的镶边,道路两侧的装饰,建筑物的墙基的装饰。带状花坛可以是模纹式的、花丛式的或标题式的。

(5) 连续花坛群

许多个独立花坛或带状花坛成直线排列成一行,组成一个有节奏的、规律的、不可分割的构图整体时,便称为连续花坛群(图3-50)。连续花坛群是连续风景的构图,总是布置在两侧为通路的道路旁;有时也可布置在草地上。连续花坛群的演进节奏,可以用两种或三种不同个体花坛来交替演进。在节奏上有反复演进和交替演进两种形式。整个连续构图,则又可以有起点、高潮、结束等安排。在起点、高潮和结束处常常应用水池、喷泉和雕像来强调。

图 3-49　花坛组群

图 3-50　连续花坛群

连续花坛群的长轴比短轴长度的差别,至少在3倍以上。除了平地以外,两侧有石级磴道的斜坡磴道中央,也可以配置连续花坛群。连续花坛群在坡道上可以成斜面布置,也可以成阶级形布置,但是总是沿着道路来布置。中央有连续花坛群的道路,也可以称为花园路,或称为道路花园(Parkway),是一种有休息设施和花坛布置的带状花园。

3.8.2　花坛的规划设计原则

1) 花坛及花坛群的平面布置

(1) 花坛的平面布置

花坛在整个规则式的园林构图中，不外乎两种作用，有时作为主景来处理，有时则作为配景来处理。

花坛作为主景也好、配景也好，花坛与周围的环境，花坛和构图的其他因素之间的关系，有两个方面。第一个方面是对比的方面，第二个方面是调和的方面。

花坛的装饰性是水平方向的平面装饰，规则式广场周围的建筑物、装饰物、乔木和大灌木等的装饰性是立面的和立体的装饰。这是空间构图上的主要对比。在园林规则式草坪上，草坪和周围的树木是单色的，主要是绿色，花坛则是彩色，这是色彩上的对比。在建筑铺装广场上，一方面在素材的质地上，建筑材料和植物材料的对比是突出的；另一方面花坛与周围的建筑物和广场，在色彩上也有对比。此外，建筑与铺装广场的色相是不饱和的，而花坛的色相就比较饱和，广场的铺装平面和草地，都是没有装饰纹样的，而花坛的装饰纹样在简洁的场地上的对比是突出的，以上是指对比方面。

以下再谈谈调和与统一的方面。

作为主景来处理的花坛和花坛群，其外形必然是对称的，可以是单轴对称，也可以是多轴对称，其本身的轴线应该与构图整体的轴线相一致。花坛的纵轴和横轴应该与建筑物或广场的纵轴和横轴相重合。在道路交叉的广场上，尤其是车行道的交叉广场上，花坛的布置，首先应该不妨害交通。为了照顾交通的畅通，有时花坛只能与构图的主要轴线相重合，次要轴线就不能重合。

花坛或花坛群的平面轮廓，应该与广场的平面相一致，例如广场是圆形的，花坛或花坛群也应该是圆形的；广场是矩形的，花坛或花坛群也应该是矩形的；如果广场是长方形的，那么花坛或花坛群，不仅在外形轮廓上应该是长方形，而且花坛的长轴应该与广场的长轴相一致，短轴应该与广场的短轴相一致。如果反过来，花坛的长轴与广场的短轴相一致时则广场是纵长的，而花坛是横长的，这种情况只有在为了交通和人流的疏散，不得不如此时才能应用，一般是不允许应用的。花坛的风格和装饰式样，应该与周围的环境相统一，例如在北京颐和园扇面殿前面，布置应用西方图案纹样的图形毛毡花坛，是与古典的自然假山园林不相调和的。在上海的鲁迅纪念馆，建筑是民族形式的，在进口处配置了一个自然式花台，就很调和。布置在交通量很大的街道广场上的花坛，装饰纹样不能十分华丽。游人集散量太大的群众性广场、车站广场，也不宜布置过分华丽的花坛。装饰性的园林游憩广场、展览馆、纪念馆、剧院、文化宫、休养疗养所、舞厅等公共建筑前方，可以设置十分华丽的花坛。

作为主景欣赏的花坛，可以是华丽的模纹花坛或花丛花坛。

当花坛直接作为雕像群、喷泉、纪念性雕像的基座的装饰时，花坛应该处于从属的地位。应该应用图案简单的花丛花坛作为配景。在色彩方面可以鲜艳，因为雕像群、喷泉、纪念性雕像表现的主题不在于色彩，因而不致喧宾夺主，但是纹样过分富丽复杂的模纹花坛，就不宜作为配景，否则容易扰乱主体。图案简单的、用木本常绿小灌木或草花布置的草坪花坛，也可以作为基座的装饰。

构图中心为装饰性喷泉和装饰性雕像群的花坛群，其外围的个体花坛可以很华丽，纹样可以丰富。但是中央为纪念性雕像的花坛群，四周个体花坛的装饰性应该恰如其分，不能采用纹样过分复杂的模纹花坛，以免喧宾夺主。宜采用纹样简约的花丛式花坛或以草坪为主的模纹花坛。

从大处来说，花坛或花坛群的平面外形轮廓应该与广场的平面轮廓相一致。但是在细节上，仍然应该有一定的变化，这里一致应该是主要的，变化是次要的，如果花坛外形只是广场的缩小，因为过分类似，有时感觉不够活泼。如果有一定的变化，艺术效果就会活泼一些。但是如果是交通量很大的广场，或是游人集散量很大的大型公共建筑前的广场上，为了照顾车辆的交通流畅及游人的集散，则花坛的外形常常与广场不一致。由于功能上的要求起了决定性的作用，因此也就不至于感到构图的不调和了。例如正方形的街道交叉广场、三角形的街道交叉广场的中央，都可以布置圆形花坛，长方形的广场可以布置椭圆形的花坛。纵长的矩形广场，也可以布置横长的矩形花坛。

花坛或花坛群的面积与广场面积的比例，一般情况，最大不要超过 1/3，最少也不小于 1/15。在这个范围之内，花坛群应把内部的面积除去。如果是观赏草坪，面积可以大些。如果广场的游人集散量很大，交通量很大，同时广场面积又很大时，则花坛面积比例可以更小些。华丽的花坛，面积比例小些；简洁的花坛，面积比例要大些。

作为配景处理的花坛，总是以花坛群的形式出现的。最通常的配景花坛群配置在主景主轴的两侧，至少是一对花坛构成的花坛群。如果主景是有轴线的，那么，配景也可以是分布在主轴左右的一对连续花坛群。如果主景是多轴对称的，那么配景花坛数量也就增加了。

只有作为主景的花坛可以布置在主轴上，配景花坛只能布置在轴线的两侧。作为配景花坛的个体花坛，其外形与外部纹样不能采用多轴对称的形式，最多只能应用单轴对称的图案和外形；其对称轴不能与主景的主轴平行，分布在主景主轴两侧的花坛，其个体本身最好不对称，但与主景主轴另一侧的个体花坛必须取得对称。这是群体的对称，不是个体本身的对称，这样主轴可以被强调起来，构图的不可分割的联系也加强了(勒纳特福苑的对称花坛群就是一个例子)。

在花坛群的构图中，中央的构图中心是多轴对称的，但是外围的次要花坛，每个个体花坛，在外形和内部纹样上最好采取不对称的形式，或为单面对称的形式，但是整个群体，则应该是对称的。

花坛可以作为建筑物、水池、喷泉、雕像等的配景，有时也可以只是进口和通路的配景。花坛的装饰和纹样，应该和园林或周围建筑物的风格取得一致。希腊式的建筑物前面的花坛应该选用希腊式的装饰图案。中国式建筑物前面的花坛，应该采用中国民族形式的装饰纹样。

(2) 视觉与花坛的布置关系

无论是独立花坛，或是花坛群里的任何一个个体花坛，当其面积过大时，视觉的效果就不好。在平地上，人的眼睛高度是一定的，通常视点高度不过 1.65m，由于视点离开地面不高，视线与地平面的成角很小，所以花坛的平面图案在视网膜上的映像只有近距离的比较清楚，远距离的图案就密集于一起，因而鉴别不清。通常一个人立在花坛边缘，视点高度的 1.65m、从脚跟起的 0.97m 距离以内，也就是从视点与地面的垂线开始的 30°视角以内的图案，当人眼水平向前平视的时候，是不受注意的。通常人眼的最大垂直视场为 130°，平视的时候，与水平线垂直就是中视线。所以视场范围从中视线以下，只能看到 60°，所以脚跟 30°内的图案是在平视视场以外的，当然观赏花坛的人也可以俯视，如果俯角为 30°，垂直视角为 60°的时候，以离开游人立点 0.97m 以外，大概 2m 距离之内的纹样最清楚。在离开立点 2.93m 以外的花坛，在映像上所占的面积，实际上和在 30°以外的 10°视角内之 0.46m 花坛面积的映像大小是同样的，映像缩小了 4 倍左右。由上面的解释看来，平地上的模纹花坛，图案纹样必然要变形，面积愈大，变形愈厉害。所以一般平地上的独立模纹花坛，面积不宜太大，其短轴的长度最好在 8～10m 以内。这样从两面来看，还可以把纹样看清。

图案十分粗放简单的独立花坛，或是图案十分简单的独立花丛式花坛，面积可以放大，通常直径可以为 15～20m。草坪花坛面积可以更大。方形或圆形的大型独立花坛，中央图案可以简单，边缘 4m 以内图案可以丰富些。

为了使模纹式花坛图案不致变形起见，有许多方法，通常独立的模纹花坛，中央隆起，使成为向四周倾斜的球面或锥状体，则纹样变形可以减低，同时模纹花坛的直径也可以增大。最好的办法是把模纹式花坛设立在斜面上，斜面与地面的成角愈大，图案变形愈小。最大的成角为90°，与地面完全垂直，这样图案虽然可以不变形，但是对于土壤崩落和植物栽植是不可能的。为了使土壤不致崩落、植物有可能栽植，一般最大的倾斜角为60°的花坛外围还要用木框固定，以免土壤崩落。许多标题式的模纹花坛，尤其是肖像花坛，设置在60°的斜坡上比较容易成功。

当花坛设置在60°的斜坡上，人的立点离开花坛基部0.97m，视线俯角为30°时，则垂直视场60°范围内，高度为1.94m的花坛，其图案和纹样可以不致变形，这已经是最大的限度。理想的视场应该是30°，那么花坛的高度就只能是0.88m了。所以肖像花坛如果高度是1.94m，斜坡为60°，那么看花坛的人，只能立在离开花坛基部0.97m以外，看起来肖像才像，太远、太近看来都不像。

一般性的模纹花坛，可以布置在倾斜度小于30°的斜坡上，这样土坡的固定比较容易，花坛大小与视点关系如果不够严格要求时，为了尽量地减少图案的变形，花坛远处的图案，其横向花纹与横向花纹之间的纵向距离应该放大，这样可以使图案清楚。

由于视觉的原因，花纹精致的模纹花坛及标题式花坛最好设置在斜坡上。逐级下降的阶地平面上和斜坡上，是设置模纹花坛最好的地方。在阶地的上级阶地俯视下级阶地的平面模纹花坛，由于视点位置提高，所以格外清楚。法国勒纳特设计的福苑中的一对主要的华丽横纹花坛和凡尔赛的许多花坛群，都可以从高一级的阶地上去俯视它们。

此外，花坛群的轴线应该与整个规则式园林布局的轴线一致或统一。

连续花坛是由1种个体花坛或2~3种不同个体花坛单轴演进而成的，演进的方式有反复、变化反复、交替反复等。连续花坛组群是由1个花坛群或2~3个不同花坛群进行单轴演进而成的。连续花坛组群，也可以是两个平行单轴演进的连续花坛群组成的大规模花坛群，有时是花坛群成相交的多轴演进而组成的。

规则式园林中的许多专类花园，例如蔷薇园、鸢尾园，常常由花坛组群或连续花坛组群所组成。城市中的规则式广场花园、规则式花园，其平面也可以由花坛组群的形式构成。

2）个体花坛的设计

(1) 花坛的内部图案纹样

花丛花坛的图案纹样应该简单。模纹花坛、标题花坛的纹样应该丰富。模纹花坛由于内部纹样丰富，外部轮廓应该简单。

花坛的装饰纹样，其风格应该与周围的建筑艺术、雕刻、绘画的风格相一致。例如我们国家新建的民族形式公共建筑物前面广场上的模纹花坛，其装饰纹样应该具有民族风格，从中国建筑的壁画、彩画、装修、浮雕上；从我国古代的铜器、陶瓷器、漆器上；从古代的木刻、民间艺术、染织纹样、剪彩上都有着十分丰富的装饰纹样看出，都可以创造性地运用到花坛的装饰中去。

西方的花坛装饰纹样也有各种不同的风格，有希腊式的(Greek Style)、罗马式的(Roman Style)、拜占庭式的(Byzantine Style)、塞拉塞尼克式的(Saracenic Style)、高直式的(Gothic Style)，以及文艺复兴式(Renaissance Style)等。这种纹样主要是西方各民族各时代的与建筑艺术相统一的装饰纹样，所以花坛上应用的图案纹样，其风格应该与四周的建筑风格是一致的。

由红绿草组成的纹样最细的线条，其宽度可以为2~3cm，用矮黄杨做成的花纹，最细的可以到

5～6cm。其他花卉组成的最细花纹在 5～10cm 左右。其他常绿木本植物组成的花纹，最细也得在 10cm 以上，保持这样最细的线条，必须经常修剪。比较容易做到的线条，红绿草为 5cm，其他植物为 10cm 以上。

(2) 花坛的高度及边缘石

花坛表现的是平面的图案，由于视角关系离地面不能太高，太高了图案就看不清楚，但是为了花卉的排水，以及主体突出，避免游人践踏，花坛的种植床应该稍稍高出地面。通常种植床的土面高出外面平地为 7～10cm，为了利于排水，花坛的中央拱起，成为向四面倾斜的和缓曲面，最好能保持 4%～10% 的坡度。一般以 5% 的坡度比较常用。种植床内的种植土厚度，栽植一年生花卉及草皮为 20cm，栽植多年生花卉及灌木为 40cm。床地土壤在 50cm 深度以内，最好挖松，清除土壤中的碎石瓦砖；排水不良的黏土，应该掺以河沙；瘠薄土壤应该加以腐殖土。排水不良的地区，植床下应有排水设备。

为了使花坛的边缘有明显的轮廓，使种植床内的高出路面的泥土不致因水土流失而污染路面或广场，为了使游人不致因拥挤而踩踏花坛，在花坛种植床的周围要用边缘石保护起来，同时，边缘石在装饰上也起一定的作用。边缘石的高度通常为 10～15cm。大型的花坛，为了合乎比例，最高也不宜超过 30cm 以上。当边缘石提高时，种植床的土面也应当提高。种植床靠边缘石的土面，较边缘石稍低。边缘石的宽度，看花坛的面积而定，应该有合适的比例，但最小的宽度不宜小于 10cm。像 2m×3m 的矩形花坛，其边缘石的宽度为 15cm 时合乎比例。小的花坛，即使是 1m 宽的带状花坛，其边缘石的宽度，最好也不要小于 10cm。当花坛放大的时候，边缘石的宽度要相应地放宽一些，但并不是按一定比例放宽的，边缘石的宽度是不能无限制地加宽的。即使是 15～20m 的大型花坛，在通常情况下，边缘石的宽度也不宜超过 30cm 以上，边缘石的高度也不宜超过 30cm 以上（有特殊设计要求时不受此限）。为了使构图美观，可以在花坛边缘辅以带状的草坪带，其宽度可以合乎构图比例任意放大。

边缘石可以为混凝土的、砖的、耐火砖的、玻璃砖的、花岗石的、大理石的，或是有颜色的水泥做成。边缘石的色彩应该与道路及广场的铺装材料相调和，色彩要朴素，形式要简单，最重要的是花坛表现的主题是观赏植物而不是边缘石。有许多花坛应用过多富于装饰浮雕的砖块、色彩刺目的琉璃砖作边缘石，那是喧宾夺主的做法，反而使花坛本身不突出了。

3.8.3 花坛的育苗计划

每一个花坛，根据一年中花坛的轮替计划和每一期的花坛种植施工图，拟出全年的育苗计划。育苗计划要依据植物的花期、从育苗到开花的生长期、每种植物需要的数值以及所占的面积来计算。

通常花丛花坛应用的花卉，都用盆栽来育苗，这样便于移植；如果不应用盆栽，当植物初开花时，移植后根部受伤，一时不能恢复生理机能，这样植物就萎靡不振，就没有生气，花坛的艺术效果就大大降低，所以花丛花坛所用的花卉最好用盆栽或营养钵育苗。尤其是罂粟科花卉，根本不耐移植，更要用盆栽，才有可能布置花坛。

1) 花丛式花坛应用的观赏植物

花丛式花坛应用的观赏植物以草本为主，通常不应用木本植物，而且以观花草本植物为宜，通常不应用观叶植物。在观花的花卉中，必须开花繁茂，花期一致、花期较长，花序高矮一致，在花期应该见花而不见叶,花序分布成水平面展开的植物,例如金盏菊(Calendula officinalis)、石竹(Dianthus chinensis)、福禄考(Phlox drummondii)等,布置花丛花坛比较适合。花序本身为很长的总状花序或穗状花序,花序中花朵开放期又先后不一的花卉,例如毛地黄(Digitalis purpurea)、唐菖蒲(Gladiolus hybridus)等这些花卉花朵分布为垂直,植株又很高,所以不可能造成繁茂的平面色彩美,因此选用这些植物来布置的花丛花坛效果就不好。其他有些花卉,如大丽花(Dahlia pinnata),虽然为头状花序,可是每个花序在整个植株上分布是垂直排列的,同时花朵很大,花朵数量较少。另外有些品种,要设立支柱以防倒伏,因此不宜选用。大丽菊中的矮生品种,菊花中的满天星小菊,都是很好的花丛花坛植物;菊花中的大花品种,尤其是飞舞型的品种一般也不能选为花坛栽植。

某些花卉花、叶并美,开花时虽然不是见花而不见叶,但至少也能产生一种华丽繁茂的色彩感觉,这些植物也可应用,例如各种美人蕉(Canna)、各种鸢尾(Iris)等。

花丛花坛的植物,只有在花朵初开时才允许栽入花坛,花朵一谢就必须清除,然后用别的开花花卉更换。因为花丛花坛要保持长期美观,所以花坛中的花卉总是要经常处在开花的状态。由于花丛花坛的植物都是短期栽植于花坛中,所以花卉种类受地域限制很少。许多温室花卉,都可以考虑作为花坛栽植。花丛花坛的植物可以是一年生的,也可以是球根花卉或多年生花卉,但是应该以一年生花卉为主,球根花卉次之,因为利用这些花卉比较经济。花丛式花坛具体应用的花卉种类十分浩繁,这里不再一一列举。为了使花丛式花坛植物开花繁茂,通常在幼苗时可以进行摘心,但长大后不进行修剪。

2) 模纹式花坛对观赏植物的要求

①为了始终维持图案的华美和精确,模纹花坛的纹样要求长期稳定不变。②为了经济,精美的模纹花坛要求维持较长久的观赏期。③为了维持纹样的稳定性,对植物要经常修剪。

由于上述这些原因,模纹花坛应用的观赏植物最好是生长缓慢的多年生植物。一年生植物生长太快,各种一年生植物之间的生长速度又不一致,不容易使图案稳定。多年生植物中,不论是木本的、草本的均可应用,其中观叶植物比观花植物更为相宜,因为观叶植物观赏期长,可以随时修剪,观花植物观赏期短,不能随时修剪。毛毡花坛应用的植物还要求生长矮小、萌蘖性强、分枝密、叶子小。如果是观花植物,花要小而多。毛毡花坛应用的植物,高度最好在10cm左右。矮黄杨和红绿草之所以成为最普遍应用的模纹花坛植物,也就是能够适合于上述各种要求的缘故。

3.8.4 观赏植物观赏期长短对于花坛的关系

1) 物候期与花坛设计的关系

利用开花植物组成的花丛花坛或是模纹花坛,观赏植物的开花期以及花期长短,对于设计花坛有密切的关系。不论在花丛花坛的轮替上,或是花坛色彩构图的组合上,对物候期的要求都是非常严格的。

用作花坛材料的观赏植物,常常来自世界各地,有热带雨林原产的,也有热带沙漠原产的;有亚热带和温带原产的,也有高山地带原产的。这些植物引栽到各城市以后,由于地域不同,其花期先后变化,并不可能依照完全一致的关系演变。所以各地应该把各地栽培的观赏植物花期详细记载,有了三年以上的记录整理以后,才能作为花坛设计依据的资料。

如果有特殊的需要,也可以用催花的办法,例如短日照处理、加温处理、冷冻处理等,可以调节花卉花期的先后。

有了正确的花期，还要充分地了解从育苗到开花的生长期。对于花坛植物的育苗工作，这一点是非常重要的，否则花坛的轮替计划就会落空。同时对于盆花和苗圃的轮栽安排，开花植物的生长期也十分重要，因此必须进行长期的记录。

2) 植物观赏期的长短与花坛的关系

花坛是规则式园林布局中华丽装饰的主体。艺术上的要求很高，但是仍然不能忽视经济要求，利用长期观赏的植物做花坛，要比短期观赏植物做花坛要经济得多。花坛可以根据观赏期的长短，分为三种类型。

(1) 永久性花坛：利用草坪做成的草坪花坛；利用露地常绿木本植物、草坪或色块做成的模纹花坛是最长期的花坛。这种花坛，每年只要定期的修剪、施肥，可以维持十年或十年以上，不需要根本的改造。在十几年以后，可以重新把土壤翻耕、施肥、草皮和木本植物加以更新。这类花坛在大面积的花坛群中应用最经济，但是这种花坛在纹样上虽然可以丰富，不过色彩上是美中不足的。

(2) 半永久性花坛：半永久性花坛的类型很多，一类是草坪花坛中用一年生花卉重点点缀一些花纹或镶边。应用花卉装饰的面积很小，草坪面积很大，而这些花卉必须随时更换；如果草坪花坛上重点装饰的花卉是花叶兼美的常绿露地多年生花卉，那么多年生花卉只要3~4年更新一次即可以。经常管理只要稍加修剪并用利刀切去草皮的边缘及灌溉施肥即可。第二类是全由常绿、花叶兼美的露地多年生花卉组成的花坛，这种花坛据植物的生长速度而不同，大概自3~5年不等进行更新，有的每隔两年要把花卉更新一次。还有一类花坛，以露地常绿木本植物为主体，栽成丰富的图案，在其中再填充开花华丽的一年生或多年生花卉，这些填充用的花卉可以随时更换。

半永久性花坛在管理上比永久性花坛费事些，但优点是色彩上可以华丽一些。

(3) 季节性花坛：这类花坛维持的时期最长是两年，主要由一年生的草本植物组成。多年生草本植物如果应用，也是短期的应用。因为草本植物生长速度很快，花丛花坛在花谢以前就要移去，用别的正要开花的植物轮换。多年生观叶植物如果在花坛内生长超过一年以上，因为生长速度快，图案的精细纹样就要破坏，所以到一定时期就要重新布置温室的草本多年生植物，温带地区在下霜期就要移入室内，所以花坛不能长期维持。

最短期的是花丛花坛，例如郁金香花坛，最多只能维持10天；风信子花坛，则可以维持20天到1个月。球根花坛由于花朵和叶面不能把整个土壤表面覆盖起来，也可以和其他花卉，例如和三色堇、香雪球 (*Lobularia maritima*) 等混栽，效果很好。花期较长的花卉，例如雏菊 (*Bellis perennis*) 花坛，则可以在春天维持2个月。花期更长的美人蕉花坛，则可以在夏秋季维持4~6个多月之久。温室越冬、温室育苗的观叶植物，例如红绿草，从春天断霜起就可以布置，一直可以到冬天下霜期止。所以季节性花坛是由草本植物观赏期长短而拟定轮替计划的，同时又是十分复杂的。在暖温带和亚热带地区，冬季花坛也可以装饰得华丽，不让土壤暴露。在寒温带地区，冬季就不可能有花丛花坛了。

3.9 花境

3.9.1 花境的特征

花境是园林中从规则式构图到自然式构图的一种过渡的半自然式种植形式。花境的平面轮廓与带状花坛相似，种植床的两边是平行的直线或是有几何轨迹可寻的曲线。花境的长轴很长，短轴的宽度是一定的，其宽度要从视觉要求出发。矮小的草本植物花境，宽度可以小些，高大的草本植物或灌木花境，其宽度要大些。但是花境的构图，是一种沿着长轴的方向演进的连续构图，所以宽度必须要求在游人立点的视场内能看得清楚为原则，超过视觉鉴赏的宽度是不需要的。

花境在园林中所占的面积，要远远超过花坛的面积。花坛中栽植的植物是以一年生为主的；花境栽植的植物以多年生花卉和灌木为主。花坛的观赏期，有的只有十天，有的为一月、一季或半年（永久性花坛例外），花坛内的植物在开花以后，或是过了观赏期以后就要移去，重新以别的花卉来更换；花境内的观赏植物栽下以后，常常三五年不更换，只需要加以中耕、施肥、保护、灌溉及局部更新即可。花坛内不管是露地可以越冬的，或是不能越冬的温室花卉都可以应用；花境内的植物以能够露地越冬，适应性较强的多年生植物为主。花坛内的植物，过了观赏期的全部营养体，必须从花坛种植床的土壤中移出；花境内的植物要求四季美观、有季节性交替，但是植物在开花以后，其营养体仍然保留在花境的种植床内，任其生长和发育。花境和花坛一样，通常不应用乔木作为栽植材料，花境是竖向和水平的综合景观，很少用修剪的常绿乔木作为装饰，这一点又与花坛不同。

花坛表现的主题，主要是由观赏植物组成的图案或色彩的平面美，其图案的组成完全是规则式的；花境的主题是表现观赏植物本身所特有的自然美，以及观赏植物自然集合的群落美，所以构图不是平面的几何图案，而是植物群丛的自然景观。这种构图的结合，首先要考虑植物与植物之间，群落内部有机体之间相互作用的生物学规律，而不是单纯从图案的要求出发。花境的平面轮廓和平面布置是规则式的，但是花境内部的植物配置，则完全是自然式的，所以花境兼有自然式和规则式的特点，是一种混合的构图形式。

花境与自然式的花丛、带状花丛的主要区别是，花境的边缘是成直线或有几何轨迹可寻的曲线，线条是连续不断的，两边的边缘线是平行的，沿着边缘线至少有一种矮性植物镶边；自然式花丛及带状花丛，其四周的外缘完全是不规则的自然曲线，线条也不能平行，没有任何几何轨迹可寻；花丛的边缘没有连续不断的镶边植物，外缘也不可能用一根连续不断的曲线包围起来，因为花丛外缘常有脱离群体的单独植株突出于边缘之外，使花丛的边缘错落多致。花境内的每一株植物不能脱离群体，必须栽植在带状的种植床内；自然式花丛与外围的草地林木没有明显的界限，其边缘与周围的植物成为一种错综的混交状态；花坛则与环境之间，不但有明确的边界线，而且用镶边植物加以强调。花境种植床内部植物的组合，则又与花丛相同。

3.9.2 花境的类型
1) 依据植物材料不同的分类

(1) 灌木花境：花境内应用的观赏植物全部为灌木时称为灌木花境。花境内应用的灌木以观花及观果为主，叶子有特殊观赏价值的灌木，例如常年的红叶灌木、银灰、斑叶灌木等亦可应用(图3-51)。

(2) 耐寒多年生花卉花境：这是花境的主要类型，应用当地可以露地越冬、适应性较强的多年生花卉组合而成(图3-52)。例如鸢尾、芍药、萱草、玉簪、楼斗菜(*Aquilegia vulgaris*)、荷包牡丹(*Dicentra spectabilis*)等。

图3-51 灌木花境

图3-52 宿根福禄考花境

(3) 球根花卉花境：花境内栽植的花卉为球根花卉，例如百合、海葱（*Ornirthogalum caudatum*）、石蒜、大丽菊、水仙、风信子（*Hyacinthus orientalis*）、郁金香、唐菖蒲等，都可以组成球根花卉花境（图3-53）。

(4) 一年生花卉花境：在必要的时候，也可以用一年生植物来组成花境。但由于费工太多，这种花境是临时和短期应用的，通常不大适用。

(5) 专类植物花境：由一类或一种植物组成的花境，称专类植物花境（图3-54）。例如蕨类花境、芍药花境、牡丹花境、蔷薇花境、百合花境、杜鹃花境、鸢尾花境、菊花花境、芳香植物花境等。作为专类花境的植物，在同一类植物或同一种植物内，其中变种和品种的数量很大，变异也很大时，才有良好的效果。如果同一种植物，只有一两个变种，设计专类花境就不免单调。

图3-53 郁金香花境

图3-54 水仙专类花境

(6) 混合花境：主要是指由灌木和耐寒性多年生花卉混合而成的花境（图3-55）。花园、公园中应用最广泛最普遍的是混合花境，其次是宿根草花花境。

2) 依据规划设计方式之不同的分类

(1) 单面观赏花境：花境靠近道路和游人的一边比较低矮，离开道路及游人的一边植物逐渐高大起来，形成了一个倾斜面；花境远离游人一边的背后，有建筑物或植篱作为背景，使游人不能从另外一边去欣赏它，这种花境称为单面观赏花境。单面花境的高度可以超过游人视线。但是也不能超过太多，一般不允许栽植小乔木（图3-56）。

图 3-55　混合花境

图 3-56　单面观赏花境

(2) 两面观赏花境：花境设置于道路、广场和草地的中央，两边的游人都可以靠近去欣赏，这种花境中央最高，两侧植物逐渐降低，且没有背景。中央最高部分一般也不超过游人视线的高度，只有灌木花境中央可超过视线高度(图 3-57)。

(3) 独立演进花境：独立演进的花境，就是主景花境，是两面观赏的，有中轴线，必须布置在通路的中央，使道路的轴线与花境的轴线重合(图 3-58)。

图 3-57　两面观赏花境

图 3-58　独立演进花境

(4) 对应演进花境：在园林通路轴线的左右两侧，广场或草坪的四周，建筑的四周，配置左右两列或周边互相拟对称的花境。当游人沿着通路前进时不是侧面欣赏一侧的构图，而是整个园林局部统一的连续构图，这种花境称为对应演进花境。通路两侧的两列花境，应该以通路的轴线为中轴线，左右两列花境要成为对应的拟对称演进，在演进的节奏上左右两列花境不可呆板对称，而要互相顾盼和应答(图 3-59)。

图 3-59　对应演进花境

3.9.3 花境的布置和设计

1）花境的平面布置

花境是连续风景构图，因此总是沿着游览线或通路来布置。可以布置花境的场合很多，现在扼要列举如下：

（1）建筑物的墙基：这种布置通常称为基础栽植（图3-60）。当建筑物的高度不超过4～5层，建筑物墙基与建筑物周围的通路之间的带状空地上，可以用花境作为基础装饰。这种装饰，主要是使墙面与地面所成的直角能够得到缓和，使建筑物的几何体形能够与四周的自然风景取得调和。但是当建筑物的高度超过5～6层，需要用电梯来维持垂直交通的建筑物，不是一下就可以与四周的自然风景取得调和的，要有很大的过渡面积，所以花境就不能起作用了。另一方面，在建筑物的立面上，花境的高度与建筑物的高度对比十分悬殊，在装饰的比例上是不相称的，所以不能应用。

作为建筑物基础栽植的花境，应该采用单面观赏的花境。以墙面作为背景时花境的色彩应该与墙面取得有对比的统一，墙面的色彩就是花境色彩构图的基调。

（2）道路上的布置：园林中通路有两种目的，一种是交通的道路，主要是建筑物与建筑物之间，进出口与主要公共建筑物和主要构图之间的交通联系，这种道路以交通为主，花卉装饰为从属；另外一类道路，是以欣赏沿路的连续风景构图为主的道路，游人在道路上前进的主要目的，并不是想到什么目的地去，而是为了在路上行走欣赏路上的景色（图3-61）。当然这两类道路，都可以广泛地应用花卉装饰，道路上用花坛来装饰的可以称为花坛路；应用花境来装饰的可以称为花境路；如果应用花坛、花境和植篱混合装饰的规则式园路，可以称为规则式道路花园。作为规则式园林轴线上的道路，如果作为花境路的规划，可以分为三种方式：①在道路中央，布置一列两面观赏的花境。花境的中轴线与道路的中轴线重合。道路的两测，可以是简单的草地和行道树，也可以是简单的植篱和行道树。②在道路的左右两侧，每边布置一列单面观赏的花境，花境的背面都有背景和行道树。这两列花境必须成为一个构图，使以道路的中轴线作为两列花境的轴线，两列花境的动势集中于中轴线，成为不可分割的一组对应演进的连续构图。③在道路中央，布置一列两面观赏的独立演进花境，道路两侧布置一对对应演进的单面观赏花境。在中轴线左右自成一个对应演进的构图，但是不必对称，道路左侧的单面观赏花境，与中央的两面观赏花境，并不需要对应，但是和道路右侧的单面观赏花境则需要对应起来。在连续构图上，中央的两面观赏花境是主调，左右的两列单面观赏花境是配调。

图3-60 作为基础种植的花境

图3-61 花境与道路

(3) 与植篱和树墙的配合：在规则式园林中，常常应用修剪的植篱或由常绿小乔木修剪而成的树墙，来组织规则式的闭锁空间，这些空间好像是由建筑物组成的四合空间一样，但是所用的材料并不是砖和石造成的围墙，而是绿色植物修剪而成的围墙。在这些绿篱和树墙的前方布置花境是最动人的，花境可以装饰树墙单调的立面基部；树墙可以作为花境的单纯背景，交相辉映，二者都有好处。然后在花境的前面再配置园路，以便游人欣赏。当然配置在绿篱和树墙前面的花境，是单面观赏的花境(图 3-62)。

(4) 与花架、绿廊和游廊配合：花境是连续构图，最好是沿着游人喜爱的散步道路去布置。在雨天，游人常常沿着游廊走，尤其是中国园林建筑游廊特别多。在夏季有阳光的时候，游人常常在花架、绿廊底下游憩。所以沿着游廊、花架和绿廊来布置花境，是能够大大提高园林风景效果的(图 3-63)。

图 3-62　花境与绿墙

图 3-63　花境与花架

花架、绿廊、游廊等建筑物，都有高出地面 30～50cm 的建筑台基，台基的立面前方可以布置花境，花境的外面再布置园路，这样游人在游廊内或绿廊内散步时，可以沿路欣赏两侧的花境，同时，花境又可以装饰花架和游廊的台基，把不美观的台基立面加以美化。

(5) 与围墙和阶地的挡土墙配合：花园、公园的围墙，阶地的挡土墙，建筑院落的围墙，由于距离很长，立面很单调，为了绿化这些墙面，可以应用藤本植物，也可以在围墙的前方布置单面观赏的花境，墙面可以作为花境的背景，花境的外侧再布置园路；阶地挡土墙的正面，布置花境是最合适的，可以使生硬的阶级地形变得美观起来(图 3-64)。

由于光线的关系，独立演进的花境可以自东向西布置或自南向北布置；对应演进的花境，必须自北向南布置，不能东西向演进。如果东西向演进，一列花境向阳，一列花境背阴，两列花境栽植的植物就不能相同，因而就不能对应起来，破坏构图，所以不适合东西方向布置。

2) 花境的种植床

花境内种植的观赏植物以多年生花卉及灌木为主，所以土壤深度应该为 40～50cm。

图 3-64　花境与围栏

60~80cm 以内全部土壤要掘松，并改良土壤的物理性和化学性，在土壤内加入腐熟的堆肥，把堆肥埋在 20cm 以下。许多喜酸性的植物，还要在土壤内加入泥炭土和腐叶土。花境种植床，也应该稍稍高出地面。在种植床有边缘石镶边的情况下，花境植床高度与花坛相同，但是花境常常没有边缘石镶边，在这种情况下，植床的外缘与道路或草地相平，中央高出 7~10cm，以保持 2%~4% 的排水坡度。

花境种植床的宽度，不是无限制的，通常单面观赏的多年生草本花境，最理想的宽度为 4m，少则 3m，灌木花境可以加宽到 5m。两面观赏的花境，宽度可以为 4~8m。

3) 花境的背景

两面观赏的花境不需要背景，单面观赏的花境需要有背景。花境的背景可以是装饰性的围墙，也可以是格子篱，格子篱的色彩可以是绿色的或白色的，最理想的背景是常绿树修剪成的绿篱和树墙。花境与背景之间可以有一定距离，也可以不保留距离。

4) 花境的镶边植物

两面观赏的花境，两边都要用植物来镶边，单面观赏的花境，靠道路一边，要用植物来镶边。镶边植物可以是多年生草本的，可以是常绿矮灌木的，也可以是草皮，镶边植物最重要的特征是必须四季常绿或经常美观。最好为花叶兼美的植物，例如马蔺（*Iris ensata*）、红花酢浆草（*Oxalis rubral*）、葱兰（*Zephyranthes candida*）等，也可以应用常绿小灌木，如矮黄杨等。但是这些植物必须是矮性的，草本花境的镶边植物也不宜超过 10~20cm，灌木花境的镶边植物也不宜超过 30~40cm。花境也可以用草皮镶边，草皮的宽度不宜太狭窄，至少 40cm 以上，宽的可以到 60~80cm，并经常用快刀切成规则的带形，以免妨害植床内花卉的生长，花境镶边的小灌木要经常修剪。

5) 花境内部的植物配置

花境的背景和镶边植物，是完全规则式的。花境内部的植物配置是自然式的，植物是高矮参差不齐的。花境是一个半自然式的连续景观，在构图中有主调、基调和配调。整个花境自始至终以同一个调子演进，演进的花境常常用道路、绿篱、矮墙、树墙来隔断，花境隔断以后另一个继续的花境可以转调演进。

花境演进的最小单元，就是自然式的花丛。这个最小单元的花丛的组合，由 5~10 种以上的植物自然混交而成；要有主景、配景和背景之分，要有高低参差，色彩上要有主色、配色、基色之分；同时又要成为块状及点状混交，色彩上要对比与调和相统一；在植物的线形、叶形、姿态及枝叶分布上，也要做到多样统一的组合。花丛的组合，还要照顾到春去秋来的季节交替，在立面上花卉要有高低起伏，花丛内各植物的株数也要不同。把这样的一个自然式花丛进行反复演进，或变化反复演进，就可以构成整个花境，或者由不同的两三个自然式花丛，进行交替反复演进，也可以构成整个花境。把这个景群反复演进，就可以建立任意长度的花境。如果安排了季节的交替，那么整个花境也就有季节的交替，而且每一季节都有一个主调。

3.9.4　花境用观赏植物的要求

由于花境的画面与花坛不同，花境的立面较为重要，因此在花坛中合适的花卉，例如花序成为平面分布，而植株矮小的植物，如香雪球、六倍利（*Lobelia erinus*）、半枝莲（*Portulaca grandiftora*）、三色堇（*Viola tricolor var. hortensis*）、雏菊；观叶植物中如石莲花（*Echeveria glauca*）、红绿草等植物,可以造成良好、致密、低矮的平面华丽效果,是理想的花坛植物。但是作为花境来说,这些植物除了镶边或覆盖土面以外,就没有价值了。但是具有垂直分布花序的植物,以及花序在植株上也成垂直分布的高大植物,如蜀葵(*Althaea rosea*)、宿根飞燕草(*Delphinium grandiflorum*)、自由钟、宿根羽扇豆(*Lupinus polyphyllus*)、百合类、蛇鞭菊(*Liatris spicata*)作为花坛植物是很不合适的,可是作为花境栽植,就非常合适。

花境内植物因为栽植后不进行轮换,同时为了园林中大量花卉种植的经济要求,既要达到花卉布置四季华丽的效果,又要做到节省养护管理的费用。因此花境内栽植的植物,最好是适应性强的耐寒、露地多年生植物,一般不需要什么特殊管理的植物较好。例如北京作为街道上布置的花卉时,就应该大量应用当地野生的马蔺。

花境内的植物最好花期要长,花期过短的花卉,如郁金香不适宜作花境。除了花期长以外,所选植物最好花叶兼美,因为花境内植物花谢后并不移出种植床,如果叶子不好看,或是开完花以后,枝叶就枯萎,这样就会使另外一个季相破坏,如玉簪、萱草、荷包牡丹、鸢尾、薰衣草、景天(*Sedum.*)、西洋花蓍(*Achillea millefolium*)、射干、宿根飞燕草、宿根福禄考等多年生花卉,不仅有华美的花朵,而且不开花的时候,叶子也都很美观,这些多年生花卉在北京也都能露地生长,适应性也较强,选作花境植物最为适宜。

花境在某一季节,可能有些部分土壤暴露,有损美观,则可以补植一年生花卉以覆盖土面,夏季可以应用半枝莲,早春可以用三色堇,这些花卉在暖温带能够自播衍生,种好以后就能够年年自然填补空缺。

花境在每年早春可以中耕,把应该更新的植物加以分根并重新栽植。晚秋可以用落叶和腐熟堆肥覆盖土面以防寒。早春把堆肥埋入土壤深处。花境内植物,除背景和镶边植物外,其余均不进行整形。灌木每年在一定时期要作修剪,但不整形。花境内植物,枯枝败花要随时摘去。

第 4 章 园林植物种植设计内容

4.1 园林植物种植设计的艺术手法

园林植物种植设计要同环境综合起来考虑,并与建筑的设计同步交错进行。园林种植设计中有许多应用手法和原则,但绝大多数情况下不能孤立地运用某一种处理手法,而是要紧密地结合项目环境、建筑造型、功能特点以及总体构图和透视色彩效果等统一考虑。在园林植物种植设计中常用的艺术手法有:

4.1.1 均衡

我们总是下意识地在看到的景物中寻找平衡。在植物配置中都存在着虚拟或真实的轴线,当群植的植物分布于轴线两侧时,平衡和稳定是十分重要的。均衡就是一种量的平衡感,而这种平衡将轴线两侧的竞争力协调一致,达到一种视觉上的稳定。

决定均衡的因素有很多,植物的色彩、体量、质地等都会产生影响。

一般说来,色彩深、体量大、数量多、质感粗糙、枝叶繁密的植物,容易给人以"重"的感觉;相反,在色彩上比较淡、体量小巧、数量少、质地细柔、枝叶疏朗的植物,则给人以"轻"的感觉。进行种植设计时,将"轻""重"不同的植物种类按均衡的原则搭配,所获得的植物景观才会显得稳定和谐。将植物与其他景观,如建筑、雕塑等搭配时,也同样遵循这一原则。

种植设计中的均衡有自然式的均衡(不对称的)和规则式的均衡(对称的)两种。自然式的均衡在轴线两侧的要素不完全相同,但在重量感上保持一致,多用于花园、公园、风景区等较自然的环境中,由种植同种或不同种,不同体量、质感的植物获得(图 4-1)。而对称式均衡轴线两侧的要素完全相同,常用于较规则、庄严的建筑环境中,以某一主轴线为中心,通过等距种植同种植物而获得,这种均衡是镜式的,带着严格性和规则性(图 4-2)。

图 4-1 自然式均衡

图 4-2 规则式均衡

4.1.2 简洁

园林植物种植设计的简洁不是指视觉效果上的简单和单调,而是设计中所必需的控制性和适宜度,以期能形成一种长久性的美感,体现出"简洁即是美"的真谛。

创造简洁设计的关键是适当地重复。简洁的手法体现在种类的应用上是要少而精、配置的方法要单纯、形式上要整齐,如行道树的对称式列植、独立树的孤植等。单纯的视觉效果往往更能吸引人的注意力,也是一种经济有效的手法。

如何获得简洁的效果呢?一般有以下经验:

(1) 灌木多于乔木,落叶树多于常绿树,可以获得较好的光线又富于季相变化。
(2) 选色恰当。花色注意多用冷色,少用暖色;多用调和色,少用对比色。
(3) 地面应稍有起伏,草坪随地形展开。
(4) 树木种类不宜多,但均精选树形优美的树种。

4.1.3 对比

对比的手法在植物配置中应用较多,又可分为色彩对比(图4-3)、形态对比(图4-4)、体量对比(图4-5)以及质感对比(图4-6)等。对比的效果由对比的强弱来体现,实质上也是一种相互的衬托,突出彼此的个性。但是盲目使用对比,可能会造成混乱的视觉,所以应用时要服务于整体效果。

图4-3　色彩对比

图4-4　形态对比

图4-5　体量对比

图4-6　质感对比

4.1.4 韵律及节奏

韵律是一种规则或不规则的间歇式重现，而重复出现其中的空间距离就是节奏。它会在设计中产生一种运动的效果图案。这主要通过植物外形、颜色、配植方式的变化得以实现。可以通过这几方面的变化与统一来产生韵律感以及有节奏的布局，如：距离的长短、植物的高低、色彩的变化和一种抑扬、用以强弱、急缓的视觉效果，强调植物配植的效果。

有组织地重复某种植物材料的高低变化，会引起节奏感，或将植物布置得三五聚散，错落有致。有规律的、有起伏的、深浅浓淡的变化都会激起人们的韵律感，都会给人们美的感觉。

可以构成韵律感的植物因素有：

(1) 人工修剪的绿篱，可以形成连续形状(图4-7)。

(2) 乔木与灌木有规律地交替种植，产生形体、花色、高矮及季节变化的韵律(图4-8)。

图4-7 人工修剪的绿篱表现出韵律与节奏

图4-8 乔木与灌木产生的韵律与节奏

(3) 花坛形状的变化、花坛内植物的变化、图案的变化等(图4-9)。

(4) 花境内植物花期的时序变化、花色的块状交替变化、边缘的曲折变化、植物高低起伏的变化。

(5) 树丛内部及树丛之间的规律变化。

4.1.5 统一

园林中的种植设计都有其中心，即主题。种植设计的各种手段，从植物种类的选择，到植物配植方式的运用以及后期的养护管理，都统一在这一主题当中。但统一并不是无变化的，应有主有次，宾主分明，在植物配置上主要是指色彩的变化统一和植物种类的变化统一(图4-10)。

图4-9 花坛内植物色彩变化形成的韵律

图4-10 植物种类的变化统一

4.1.6 重复

这是指在植物种植设计时,某些植物材料以相同或相似的外形、质地或颜色反复出现,或者通过将相似物体放在一起,来增强景观的节奏感。

重复主要是一个单元形式变化的反复出现,形成一种别致的图案花边效果,多运用于线性景观的设计中。

重复可以严格地按一定顺序与间隔出现,也可以相对地自由重复出现,所以形成了完全重复与相对重复。而重复间隔与重复特征的使用,也决定着是否使人产生单调感或兴奋感(图4-11)。

一般而言,植物外形的重复会产生建筑立面、通道或地板效果,线条的重复会产生运动,颜色的重复会使小空间显得更大。需仔细平衡重复与多样性之间的关系,太多的重复也会导致单调,而太多的变化又会引起混乱。

图 4-11 重复

4.1.7 主次与多样性

突出主次关系,也就是要突出重点,强调重要的特征(图 4-12)。可通过强化种植中主要成分的主导性和次要成分的从属性来实现。这也是植物混合配植中常用的方法,体现出秩序与多而不乱的造景效果,使主与辅有机地结合,营造有序而主题分明的景观效果。多样性是增加构成趣味性的重要原则,但也有可能过分。增加种植单元的多样性能够创造重点,但同时也必须控制其使用。成为重点的前提是作为重点的植物必须能吸引游人注意力,且能够比周围其他景物更长时间地留住游人的视线。

4.1.8 序列

为了使游人的视线在园林植物景观中经过时,能按着一定的顺序进行移动,就必须建立一个序列。在种植上,这种序列可以分别通过形式、质地或色彩的渐变来实现,也可以由各特征综合起来实现(图 4-13)。但需记住,如果同时改变这三个特征,会因为变化太多而造成序列感的消失。可保

图 4-12 主次与多样性

图 4-13 变化的空间序列

持色彩不变，同时逐渐变换植物形状，使视线随着植物的轮廓线的变化而移动；也可以结合高度的变化来形成序列；还可以通过色调的变化来形成序列等。为了形成序列变化，所有的形状、质感及色彩的变化都应是渐变式的。如果在序列中出现任何突然的变化都会使其成为视觉焦点，也预示着这一序列的终止。

4.2 种植设计中植物尺度的应用

植物的大小是指植物的尺度。植物最重要的观赏特性之一，就是它的大小。因此，设计选择植物的大小直接影响着空间范围、结构关系以及设计的构思与布局。按所列大小标准可将植物分为六类。

(1) 大中型乔木：从大小以及景观中的结构和空间来看，最重要的植物便是大中型乔木。大乔木的高度在成熟期可以超过 12m，而中乔木最大高度可达 9～12m。大中型乔木主要包括：糖槭 (*Acer saccharum*)、美国白蜡 (*Fraxinus americana*)、美国山毛榉 (*Fagus grandifolia*) 以及赤桉 (*Eucalyptus camaldulensis*) 等。下面我们将例举大中型乔木在景观中的一些功能。

这类植物因其高度和面积，而成为显著的观赏因素。它们的功能像一幢楼房的钢木框架，能构成室外环境的基本结构和骨架，从而使布局具有立体的轮廓。

另外在一个布局中，当大中乔木居于较小植物之中时，它将占有突出的地位，可以充当视线的焦点。大中型乔木作为结构因素，其重要性随着室外空间的扩大而越加突出(图4-14)。在空旷地或广场上举目而视，大乔木将首先进入眼帘。而较小的乔木和灌木，只有在近距离观察时才会受到注意和鉴赏。因此，在进行设计时，应首先确立大中乔木的位置，这是因为它们的配置将会对设计的整体结构和外观产生最大的影响。一旦较大乔木被定植以后，小乔木和灌木才能得以安排，以完善和增强大乔木形成的结构和空间特性。较矮小的植物就是在较大植物所构成的总体结构中，展现出更具人格化的细腻装饰。由于大乔木极易超出设计范围和压制其他较小的因素，因此在小的庭园设计中应慎重地使用大乔木。

图4-14 大中型乔木的应用

大中乔木在环境中的另一个建造功能，便是在顶平面和垂直面上封闭空间。前面曾提到，大中乔木的树冠和树干都能成为室外空间的"顶棚和墙壁"，这样的室外空间感，将随树冠的实际高度而产生不同程度的变化。如果树冠离地面 3～4.5m 高，空间就会显示出足够人情味，若离地面 12～15m，则空间就会显得高大，有时在成熟林中便能体会到这种感觉。大中乔木在分隔那些最初由楼房建筑和地形所围成的、开阔的城市和乡村空间方面，也极为有用。此外，树冠群集的高度和宽度是限制空间的边缘和范围的关键因素。

大中乔木在景观中还被用来提供荫凉。夏季，当气温变得极炎热时，而那些室外空间和建筑物又直接受到阳光的曝晒，人们就会对荫凉处渴望之至。林荫处的气温将比空旷地低5℃，同样，一幢薄型楼房当被遮蔽时，其室内温度会比室外温度低3℃。为了达到最大的遮荫效益，大中乔木应种植在空间或楼房建筑的西南、西面或北面。

由于炎热的午后，太阳的高度角在发生变化，在西南面种最高的乔木，与西北面次高的乔木形成的遮荫效果是相同的。夏季对空调机遮荫，还能提高空调机的效率。美国冷却研究所的研究表明，被遮荫的分离式空调机冷却房间，可节能3%。

(2) 小乔木和装饰植物：根据植物的大小，我们确定，凡最大高度为4.5~6m的植物为小乔木和装饰植物。小乔木包括油橄榄(*Olea europaea*)、牧豆树属(*Prosopis* spp.)、欧洲山茱萸(*Cornus mas*)等。装饰植物包括：海棠类(*Malus* spp.)、多花梾木(*Cornus florida*)、加拿大紫荆(*Cercis canadensis*)、樱花类等。如同大中乔木一样，小乔木与装饰植物在景观中也具有许多潜在的功能。

小乔木能从垂直面和顶平面两方面限制空间，视其树冠高度而定，小乔木的树干能在垂直面上暗示着空间边界。当其树冠低于视平线时，它将会在垂直面上完全封闭空间。当视线能透过树干和枝叶时，这些小乔木像前景的漏窗，使人们所见的空间有较大的深远感。顶平面上，小乔木树冠能形成室外空间的顶棚，这样的空间常使人感到亲切。有些情况树冠极低，从而能防止人们的穿行。总而言之，小乔木与装饰植物适合于受面积限制的小空间，或要求较精细的地方。

小乔木和观赏植物也可作为焦点和构图中心。这一特点是靠其大小，或是观赏植物的明显形态、花或果实来完成的。按其特征，观赏植物通常作为视线焦点而被布置在那些醒目的地方，如入口附近，通往空间的标志、突出的景点上。在狭窄的空间末端，也可以用观赏植物，使其像一件雕塑或是抽象形象，以引导和吸引游人进入此空间。若序列地布置观赏植物，人们就能在它们的引导下从一个空间进入另一空间。观赏植物甚至能仅因其观赏特性，就被用于设计中去。从观赏植物的生长习性来看具有四种不同魅力的季相：春花、夏叶、秋果、冬枝(图4-15)。

图4-15 春季烂漫的樱花

(3) 高灌木：其最大高度为3~4.5m。与小乔木相比较，灌木不仅较矮小，而且最明显的是缺少树冠。一般来说，灌木叶丛几乎贴地而长，而小乔木则有一定距离，从而形成树冠或林荫。尽管这一差异有助于植物的分类，但实际情况中并非如此分明，尤为突出的是许多高灌木能组合在一起构成飘浮的林冠。不过为了便于理解，我们还是应对高灌木与小乔木不加以区分为好。下面谈谈高灌木在室外环境中的一些功能。

在景观中，高灌木犹如一堵堵围墙，能在垂直面上构成空间闭合。仅高灌木所围合的空间，其四面封闭，顶部开敞。由于这种空间具有极强向上的趋向性，因而给人明亮、欢快之感。高灌木还能构成极强烈的长廊形空间，将人的视线和行动直接引向终端。如果高灌木属于落叶树种，那么空间的性质就会随季节而变化,而常绿灌木能使空间保持始终如一(图4-16)。

高灌木也可以被用作视线屏线、屏障和私密控制。这是高灌木的普通功能,在某些地方,人们并不喜欢僵硬的围墙和栅栏,而是需要绿色的屏障。但是,正如早已提到的那样,在将高灌木作屏障和私密控制之用时,必须注意对它们的选择和配植,否则它们不能在一年四季中按照要求发挥作用。

图4-16 高灌木

当在低矮灌木的衬托下,高灌木形成构图焦点时,其形态越狭窄,有明显的色彩和质地,其效果将更突出。

在对比作用方面,高灌木还能作为天然背景,以突出放置于其前的特殊景物,如一件雕塑或较低矮的花灌木。同样,高灌木这一功能,因其落叶或常绿的种类不同而变化。

(4)中灌木:这一类植物包括高度在1~2m的植物,它们也可以是各种形态、色彩或质地的。这些植物的叶丛通常贴地或仅微微高于地面。中灌木的设计功能与矮小灌木基本相同,只是围合空间范围较之稍大点。此外,中灌木还能在构图中起到高灌木或小乔木与矮小灌木之间的视线过渡作用(图4-17)。

(5)矮小灌木:矮灌木是植物尺度较小的植物。成熟的矮灌木最高仅1m。但是,矮灌木的最低高度必须在30cm以上,因为凡低于这一高度的植物,一般都作为地被植物对待。矮灌木包括:日本贴梗海棠(*Chaenomeles japonica*)、细尖枸子(*Cotoneaster apiculatus*)、绣线菊(*Spiraea* × *bumalda* 'AnthonyWaterer')、刺梨仙人掌(*Opunta microdasys*)等(图4-18)。矮小灌木种植在景观中可以完成下述目的:

图4-17 中灌木

图4-18 矮小灌木

矮灌木能在不遮挡视线情况下限制或分隔空间。由于矮灌木没有明显的高度,因此它们不是以实体来封闭空间,而是以暗示的方式来控制空间。因此,为构成一个四面开敞的空间,可在垂直面上使用矮灌木。与此功能有关的例子是,种植在人行道或小路两旁的矮灌木,具有不影响行人的视线,又能将行人限制在人行道上的作用。

在构图上,矮灌木也具有从视觉上连接其他不相关因素的作用。不过,它们的这一作用在某种程度上不同于地被植物，地被植物是使其他不相关因素，放置于相同的地面上，而产生视觉上联系，而矮灌木则有垂直连接的功能，这点与矮墙相似。因此，当我们从立面图上来看，矮灌木对于构图中各因素具有较强烈的视觉联系。

矮灌木的另一功能，是在设计中充当附属因素。它们能与较高的物体形成对比，或降低一级设计的尺度，使其更小巧、更亲密。鉴于其尺度矮小，故应大面积地使用，才能获得较佳的观赏效果。如果使用面积小（相对总体布局而言），其景观效果极易丧失。但如果过分使用许多琐碎的矮灌木，就会使整个布局显得无整体感。

(6) 地被植物：按其大小而论，最小的植物应是地被植物。所谓"地被植物"指的是所有低矮、爬蔓的植物，其高度不超过 15～30cm。地被植物也各有不同特征，有的开花，有的不开花，有木本也有草本。以下列举者均属地被：常春藤、蔓长春花（*Vinca major*）、顶花板凳果（*Pachysandra terminalis*）、阔叶麦冬（*Liriope platyphylla*）(图 4-19) 等。地被植物可以作为室外空间的植物性"地毯"或铺地，此外它本身在设计中还具有许多功能。

图 4-19　地被植物

与矮灌木一样，地被植物在设计中也可以暗示空间边缘。就这种情况而言，地被植物常在外部空间中划分不同形态的地表面。地被植物能在地面上形成所需图案，而不需硬性的建筑材料。当地被植物与草坪或铺道材料相连时，其边缘构成的线条在视觉上极为有趣，而且能引导视线、范围空间。当地被和铺道对比使用时，能限制一定铺道。

地被植物因具有独特的色彩或质地，而能提供观赏情趣。当地被植物与具有对比色或对比质地的材料配置在一起时，会引人入胜。具有迷人的花朵、丰富色彩的地被植物，这种作用特别重要。

地被植物还有一功能，是作为衬托主要因素或主要景物的无变化的、中性的背景。例如一件雕塑，或是引人注目的观赏植物下面的地被植物床。作为自然背景，地被植物的面积需大得足以消除邻近因素的视线干扰。在为一个特定的场所进行植物配置设计时，植株的大小、外部的轮廓、高度和枝叶的伸展程度会对这个场所的景观效果产生很大的影响。植物尺度的把握是否合适，对于整体的景观效果影响很大。如果选择的植物过大，则空间将会显得过于拥挤和繁杂；如果过小，则空间过于通透并缺乏私密感和安全感。

植物的尺度除了应与项目空间的大小相和谐外，还要与邻近的建筑以及人的尺度紧密联系。若想在园林中获得一个和谐的效果，不同的植物群在尺度与数量上要相互联系。如种植了一棵大的灌木，为了达到平衡，在其轴线的另一侧，可种植同样大小的一株灌木；但如果选用较小的种类，那么就要增加数量，来达到视觉的平衡。

总而言之，植物的大小是所有植物材料特性中最重要、最引人注意的特征之一，若从远距离观赏，这一特性就更为突出。以前我们也提到过，植物的大小成为种植设计布局的骨架，而植物的其他特性则为其提供细节和小情趣。一个布局中的植物大小和高度，能使整个布局显示出统一性和多样性。例如，在小型花园布局中，其用的所有植物都同样大小，那么该布局虽然出现统一性，但同时产生单调感。另一方面，若将植物的高度有些变化，能使整个布局丰富多彩，远处看去，其植物高低错落有致，要比植物在其他视觉上的变化特征更明显（除了色彩的差异外）。因此，植物的大小应该成为种植设计创作中首先考虑的观赏特性，植物的其他特征，都是依照已定的植物大小来加以选用的。

4.3 种植设计中植物外形的应用

植物的形状在设计中常以简图的形式表现出来。植物的生长习性决定了它的形状，它是植物各部分的总称，包括树枝、树干、分枝角度等，所以也形成了千差万别的植物形状。

园林中的每种植物都有独特的形态，以建立其功能特征。单株或群体植物的外形，是指植物从整体形态与生长习性来考虑大致的外部轮廓。虽然它的观赏特征不如其大小特征明显，但是它在植物的构图和布局上，影响着统一性和多样性。在作为背景物，以及在设计中植物与其他不变设计因素相配合中，也是一种关键性因素。植物外形基本类型为：纺锤形、圆柱形、水平展开形、圆球形、圆锥形、垂枝形和特殊形。每一种形状的植物都具有自己独特的性质，以及独特的设计应用。下面将分别给予讨论。

（1）纺锤形：纺锤形植物其形态细、窄、长，顶部尖细（图 4-20）。这类植物有钻天杨、北美崖柏（*Thuja occidentalis*）和地中海柏木（*Cupressus sempervirens*）。在设计中，纺锤形植物通过引导视线向上的方式，突出了空间的垂直面。它们能为一个植物群与空间提供一种垂直感和高度感。如果大量使用该类植物，其所在的植物群体和空间，会给人一种超过实际高度的幻觉。当与较低矮的圆球形或展开形植物种植一起时，其对比十分强烈，其纺锤形植物犹如"惊叹号"惹人注目，像乡镇地平线上的教堂塔尖。由于这种特征，故在设计时应该谨慎使用纺锤形植物。如果在设计中用得数量过多，会造成过多的视线焦点，使构图"跳跃"破碎。

（2）圆柱形：这种植物除了顶是圆的外，其他形状都与纺锤形相同（图 4-21）。其代表植物有糖槭和紫杉。这种植物类型具有与纺锤形相同的设计用途。

图 4-20 纺锤形

图 4-21 圆柱形

(3) 水平展开形：该类植物具有水平方向生长的习性，故宽和高几乎相等(图4-22)。如二乔玉兰(*Magnolia × soulangeana*)、华盛顿山楂(*Crateagus phaenopyrum*)和矮紫杉(*Taxus cuspidate* 'Nana')都属该类型植物。展开形植物的形状能使设计构图产生一种宽阔感和外延感。展开型植物会引导视线沿水平方向移动。因此，这类植物通常用于布局中从视线的水平方向联系其他植物形态。如果这种植物形态重复地灵活运用，其效果更佳。在构图中展开植物与垂直的纺锤形和圆柱形植物形成对比效果。展开形植物和平坦的地形、下展的地平线和低矮水平延伸的建筑相协调。若将该植物布置于平矮的建筑旁，它们能延伸建筑物的轮廓，使其融汇于周围环境之中。

(4) 圆球形：顾名思义，凡圆球形植物具有明显的圆环或球形形状(图4-23)。这类植物主要有欧洲山毛榉(*Fagus sylvatica*)、银椴(*Tilia tomentosa*)、鸡爪槭、欧洲山茱萸以及榕树。圆球形植物是植物类型中为数最多的种类之一，因而

图4-22　水平展开形

在设计布局中，该类植物在数量上也独占鳌头。不同于纺锤形或展开形植物，该植物类型在引导视线方面既无方向性，也无倾向性。因此，在整个构图中，随便使用圆球形植物都不会破坏设计的统一性。圆球形植物外形圆柔温和，可以调和其他外形较强烈形体，也可以和其他曲线形的因素相互配合、呼应，如波浪起伏的地形。

(5) 圆锥形：这种植物的外观呈圆锥状，整个形体从底部逐渐向上收缩，最后在顶部形成尖头(图4-24)。该类植物主要有：云杉属(*Picea* spp.)、胶皮枫香树(*Liquidambar styraciflua*)以及连香树(*Cercidiphylklum japonicum*)。圆锥形植物除具有易被人注意的尖头外，总体轮廓也非常分明和特殊。因此，该类植物可以用来作为视觉景观的重点，特别是与较矮的圆球形植物配植在一起时，其对比

图4-23　圆球形

图4-24　圆锥形

之下尤为醒目。也可以与尖塔形的建筑物或是尖耸的山巅相呼应。鉴于这种性质，有设计理论家认为，这类植物在无山峰的平地并不太适合，应谨慎使用。其次，圆锥形植物也可以协调地用在硬性的、几何形状的传统建筑设计中。

(6) 垂枝形：垂枝形植物具有明显的下垂或下弯的枝条(图 4-25)。常见的植物有：垂柳、垂枝山毛榉(*Fagus sylvatica* 'Pendula')，以及细尖枸子等。在自然界中，地面较低洼处常生长着垂枝植物，如河床两旁常栽有众多的垂柳。在设计中，它们能起到将视线引向地面的作用，因此可以在引导视线向上的树形之后，用垂枝植物。垂枝植物还可种于一泓水弯之岸边，以配合其波动起伏的涟漪，以象征着水的流动。为能表现出植物的姿态，最理想的做法是将该类植物种在种植池的边沿或地面的高处，这样，植物就能越过池的边缘垂下。

(7) 特殊形：特殊形植物具有奇特的造型(图 4-26)。其形状千姿百态，有不规则的、多瘤节的、歪扭式的和缠绕螺旋式的。这种类型的植物通常是在某个特殊环境中已生存多年的成年老树。除专门培育的盆景植物外，大多数特殊形植物的形象都是由自然力造成的。由于它们具有不同凡响的外貌，这类植物最好作为孤植树，放在突出的设计位置上，构成独特的景观效果。一般说来，无论在何种景观内，一次只宜置放一棵这种类型的植物，这样方能避免产生杂乱的景象。

图 4-25　垂枝形

图 4-26　特殊形

毫无疑问，并非所有植物都能准确地符合上述分类。有些植物的形状极难描述，而有些植物则越过了各种不同植物类型的界限。但是尽管如此，植物的形态仍是一个重要的观赏特征，这一点在植物因其形式而自成一景，或作为设计焦点时，尤为显示它的突出地位。不过，当植物是以群体出现时，单株的形象便消失，它的自身造型能力受到削弱。在此情况中，整个群体植物的外观便成了重要的方面。

任何植物的基本形态都是取决于未经干扰的生长。在自由生长的情况下，如果不是太快，大部分植物都能形成它们的成熟外观特征。为了改变植物的自然形态而在植物景观设计作品中采用改变过的形态，就必须把植物修剪成所期望的形状。但是，设计者必须记住，这种改变会被要求付出相当大的精力来发展和维持。

垂直生长的植物可用于创造突出的景观，在植物景观设计中增加高度方面的因素。水平扩展的植物在高的结构中增加了宽度方面的因素。悬垂形态的植物可能形成柔和的线条并与地面发生有机的联系。圆球状的植物适用于构成大的丛植，作为边界和围栏。各种形态的植物可利用形状和材料的对比来构成突出的景观，以避免设计的单调。

外观形态相似的植物在视觉上常常趋向于一个整体。它们自身或与整个群体相互协调共同构成和谐的种植设计作品。在一个设计中采用某一种占主导地位的植物形态可以使整个种植设计达到统一的效果。

多种植物外观形态的综合运用可以创造、限定、提升和塑造外部空间，同时也可起到引导观赏者感受设计空间方式的作用。二维形式是水平的，缺乏立体感。外凸的三维形式可以使观赏者在周围移动过程中从外部获得多样景观点的体验。而内凹的三维形式则使观赏者从形式到自身内部感受景观点的视觉体验。

三维形态可以是积极的，也可以是消极的。积极空间具备围合的视觉范围，通常视线集中在内部；消极空间是打开的空间，具备无限的视觉范围。在以形态作为园林设计要素中，园林设计师应当不拘泥于单个形态，而应运用组合形态来达到植物景观设计的目标。选择一种占支配地位的形态能建立起外部空间的全面特征，若与其他设计要素相结合，将决定整个种植的质量。

植物的形状在景观的营建中具有很强的表达能力，形状之间可以是和谐的，也可以是相异的。但醒目的对比和多种形状的混合容易产生不协调的感觉。

如果要突出植物的形状在造景中的地位，可以通过植物群植、植物群落的重复，突出植物的层次感来达到预期的效果。要想取得群集形状及线条的和谐，形状上应有一些重复。有一定内在规律的间断时，重复会创造出一种节奏感。以一种相似的形状与线条结合贯穿于园林设计中，这样就把整个设计整合起来。但重复要均衡，保持一种有节奏的运动而不让其散开。如把一个圆锥状植物放在一群球形植物当中，就会将人的视线直接吸引过去，效果很突出，但也要谨慎，要注意整体的和谐，尤其不能对建筑形成喧宾夺主的效果。

4.4 种植设计中植物色彩的应用

紧接植物的大小、形态之后，最引人注目的观赏特征，便是植物的色彩。植物的色彩可以被看做是情感象征，这是因为色彩直接影响一个室外空间的气氛和情感。鲜艳的色彩给人以轻快、欢乐的气氛，而深暗的色彩则给人异常郁闷的气氛。由于色彩易于被人所看见，因而它也是构图的重要因素。在景观中，植物色彩的变化，有时在相当远的地方都会被人注意到。

植物的色彩，通过植物的各个部分而呈现出来，如通过树叶、花朵、果实、大小枝条及树皮等。毫无疑问，树叶的主要色彩呈绿色，其间也伴随着深浅的变化，以及黄、蓝和古铜色的色彩。除此之外，植物也包含了所有的色彩，存在于春秋时令的树叶、花朵、枝条和树干之中(图4-27)。

植物配植中的色彩组合，应与其他观赏特性相协调。植物的色彩应在设计中起到突出植物的尺度和形态的作用。

图4-27 中山植物园花境色彩应用

如一株植物以大小或形态作为设计中的主景时，同时也应具备夺目的色彩，因为它们占据着一年中的大部分时间。花朵的色彩和秋色虽然丰富多彩，令人难忘，但其寿命不长，仅持续几个星期。因此，对植物的取舍和布局，只依据花色或秋色来布置植物，是极不明智的，因为这些特征会很快消失。

图4-28　绿色在红色的衬托下更加葱郁

在夏季树叶色彩的处理上，最好是在布局中使用一系列具色相变化的绿色植物，使在构图上有丰富层次的视觉效果。另外，将两种对比色配置在一起，其色彩的反差更能突出主题。例如：绿色在红色或橙色的衬托下，会显得更浓绿（图4-28）。不同的绿色调，也各有其设计上的作用。各种不同色调的绿色，可以突出景物，也能重复出现达到统一，或从视觉上将设计的各部分连接在一起。如紫杉，其典型的深绿色，给予整个构图和其所在空间带来一种坚实凝重的感觉，成为设计中具有稳定作用的角色。此外，深绿色还能使空间显得恬静、安详，但若过多地使用该种色彩，会给室外空间带来阴森沉闷感。而且深色植物极易有移向观赏者的趋势，在一个视线的末端，深色似乎会缩短观赏者与被观赏景物之间的距离。同样，一个空间中的深色植物居多，会使人感到空间比实际窄小。

另一方面，浅绿色植物能使空间产生明亮、轻快感。浅绿植物除在视觉上有飘离观赏者的感觉外，同时给人欢欣、愉快和兴奋感。当我们将各种色度的绿色植物进行组合时，一般来说深色植物通常安排在底层（鉴于观赏的层次），使构图保持稳定，与此同时，淡色安排在上层使构图轻快。在有些情况下，深色植物可以作为淡色或鲜艳色彩的衬托背景。这种对比在某些环境中是有必要的。

在处理设计所需要的色彩时，应以中间绿色为主，其他色调为辅。这种无明显倾向性的色调能像一条线，将其他所有色彩联系在一起。绿色的对比效果表现在具有明显区别的叶丛上。各种不同色度的绿色植物，不宜过多、过碎地布置在总体中，否则整个布局会显得杂乱无章。另外，在设计中应小心谨慎地使用一些特殊色彩，诸如青铜色、紫色或带有杂色的植物等。因为这些色彩异常的独特，而极易引人注意。在一个总体布局中，只能在特定的场合中保留少数特殊色彩的绿色植物。同样，鲜艳的花朵也只宜在特定的区域内成片大面积布置。如果在布局中出现过多、过碎的艳丽色，则构图同样会显得琐碎。因此，要在不破坏整个布局的前提下，慎重地配置各种不同的花色。

假如在布局中使用夏季的绿色植物作为基调，那么花色和秋色则可以作为强调色。红色、橙色、黄色、白色和粉色，都能为一个布局增添活力和兴奋感，同时吸引观赏者（图4-29）。如果布

图4-29　以绿色为基调，花色为强调色

置不适，大小不合，就会在布局中喧宾夺主，使植物的其他观赏特性黯然失色。色彩鲜明的区域,面积要大，位置要开阔并且日照充足。因为在阳光下比在阴影里可使其色彩更加鲜艳夺目。不过另一方面，如果慎重地将艳丽的色彩配置在阴影里，艳丽的色彩能给阴影中的平淡无奇带来欢快、活泼之感。如前所述，秋色叶和花卉，色彩虽鲜丽多彩，其重要性仍次于夏季的绿叶。

此外，植物的色彩在室外空间设计中能发挥众多的功能。常认为植物的色彩足以影响设计的多样性、统一性，以及空间的感受。植物色彩与其他植物视觉特点一样，可以相互配合运用，以达到设计的目的。

4.5 种植设计中植物质地的应用

所谓植物的质地，乃是指单株植物或群体植物直观的粗糙感和光滑感。它受植物叶片的大小、枝条的长短、树皮的外形、植物的综合生长习性外，以及观赏植物的距离等因素的影响。在近距离内，单个叶片的大小、形状、外表以及小枝条的排列都是影响观赏质感的重要因素。需要注意的是，所谓质地的粗糙与否是相对的，只有不同植物对比才会产生质感上的差异，并对观者的视觉形成一定的吸引力。

当从远距离观赏植物的外貌时，决定质地的主要因素则是枝干的密度和植物的一般生长习性。质地除随距离而变化外，落叶植物的质地也随季节而变化。在整个冬季，落叶植物由于没有叶片，因而质感与夏季时不同，一般来说更为疏松。例如皂荚植物在某些景观中，其质地会随季节发生惊人的变化。在夏季，该植物的叶片使其具有精细通透的质感；而在冬季，无叶的枝条使其具有疏松粗糙的质地。

在植物配植中，植物的质地会影响许多其他因素，其中包括布局的协调性和多样性、视距感，以及一个设计的色调、观赏情趣和气氛。根据植物的质地在景观中的特性及潜在用途，我们通常将植物的质地分为三种：粗壮型、中粗型及细小型。

（1）粗壮型：粗壮型通常由大叶片、浓密而粗壮的枝干（无小而细的枝条），以及松疏的生长习性而形成，具有粗壮质地的植物大致有：美桐（*Platanus occidentalis*）、欧洲七叶树（*Aesculus hippocastanum*）、欧洲黑松、龙舌兰（*Agave americana*）、二乔玉兰、常绿杜鹃、栎叶八仙花（*Hydrangea quercifolia*）。下面我们来探讨粗壮质地植物的一些特殊特征及功能。

粗壮型植物观赏价值高、泼辣而有挑逗性。当将其植于中粗型及小型植物丛中时，粗壮型植物会"跳跃"而出，首先为人所看见。因此，粗壮型植物可在设计中作为焦点，以吸引观赏者的注意力，或使设计显示出强壮感。与使用其他突出的景物一样，在使用和种植粗壮型植物时应小心适度，以免它在布局中喧宾夺主，或使人们过多注意零乱的景观。

由于粗壮型植物具有强壮感，因此它能使景物有趋向赏景者的动感，从而造成观赏者与植物间的可视距离的幻觉。与此类似，为数众多的粗壮型植物，能通过吸收视线"收缩"空间的方式，而使某户外空间显得小于其实际面积。粗壮型植物的这一特性极适合运用在那些超过人们正常舒适感的现实自然范围中。但对于那些既没有植物，也显得紧凑而狭窄的空间来说，则毫无必要。因此，在狭小空间内布置粗壮植物时，必须小心谨慎，如果种植位置不适合，或过多地使用该植物，这一

图 4-30　质感粗壮的古柏

空间就会被这些植物所"吞没"(图 4-30)。

在许多景观中，粗壮型植物在外观上都显得比细小植物通常更空旷、疏松、更模糊。粗壮型植物的这些特征，使它们多用于不规则景观中。它们极难适应那些要求整洁的形式和鲜明轮廓的规则景观。

(2) 中粗型：中粗型植物是指那些具有中等大小叶片、枝干，以及具有适度密度的植物。与粗壮型植物相比较，中粗型植物透光性较差，而轮廓较明显。由于中粗型植物占绝大多数，因而它应在种植成分中占大比例，与中间绿色植物一样，中粗型植物也应成为一项设计的基本结构。充当粗壮型和细小型植物之间的过渡成分。中粗型植物还具有将整个布局中的各个成分连接成一个统一整体的能力。

(3) 细小型植物：细质地植物生长有许多小叶片和微小、脆弱的小枝，以及具有齐整密集的特性。美国皂荚(*Gleditsia triacanthos*)、鸡爪槭、北美乔松(*Pinus strobus*)、细尖栒子、金凤花(*Caesalpinia pulcherrima*)、菱叶绣线菊(*Spiraea vanhouttei*)，都属细质地植物。

细质地植物的特性及设计能力恰好与粗壮型植物相反。细质地植物柔软纤细，在风景中极不醒目。在布局中，它们往往最后为人所视见，当观赏者与布局间的距离增大时，它们又首先在视线中消失(仅就质地而言)。因此，细质地植物最适合在布局中充当更重要成分的中性背景，为布局提供优雅、细腻的外表特征，或在与粗质地和中粗质地植物相互完善时，增加景观变化(图 4-31)。

由于细质地植物在布局中不太醒目，因而它们具有一种"远离"观赏者的倾向。因此，当大量细质地植物被植于一个户外空间时，它们会构成一个

图 4-31　质地细腻的羽毛枫

大于实际空间的幻觉。细质地植物的这一特征，使其在紧凑狭小的空间中特别有用，这种空间的可视轮廓受到限制，但在视觉上又需扩展而不是收缩。

由于细质地植物长有大量的小叶片和浓密的枝条，因而它们的轮廓非常清晰，整个外观文雅而密实(有些细质地植物在自然生长状态中，犹如曾被修剪过一样)，由此，细质地植物被恰当地种植在某些背景中，以使背景展示出整齐、清晰、规则的特征。

按照设计原理，在一个设计中最理想的是均衡地使用这三种不同类型的植物。这样才能使设计令人悦目。质感种类太少，布局会显得单调，但若种类过多，布局又会显得杂乱。对于较小的空间来说，这种适度的种类搭配十分重要，而当空间范围逐渐增大，或观赏者逐渐远离所视植物时，这种趋势的重要性也将逐渐减小。另一种理想的方式是按大小比例配置不同质地类型的植物，如使用

中质地植物作为粗质地和细质地植物的过渡成分。不同质地植物的小组群过多，或从粗质地植物的过渡太突然，都易使布局显得杂乱和无条理。此外，鉴于尚有其他观赏特性，因此在质地的选取和使用上必须结合植物的大小、形态和色彩，以便增强所有这些特性的功能。

在设计中应用植物的质地时应遵循以下原则：

(1) 在进行植物种植设计时，植物质地也必须达到均衡。实际存在或隐形的景观轴线两侧，植物质地的比重必须相互平衡。

(2) 不同的植物质感会使空间产生不同的景观效果：使用质感粗糙的植物时，由于它们的叶子所占据的空间比较大，会使空间显得相对更小；而质地精细娇嫩的植物，能使空间看上去大些，并使植物看起来明朗透彻，所以要根据不同的空间大小来决定质感的取舍。

(3) 在园林中应用不同的质感，会产生对比的变化。最好设定一种较为主要的质感，并在园林空间中不断重复，可以使各个空间产生内在的联系。

(4) 质感相反的植物种植组合会产生很强的吸引力，如粗与细、大与小、宽叶与披针等。而作用最明显、最有效的就是应用观赏草，它们纤细的叶片，丛生的株形，往往会与其他植物形成强烈的对比，从而产生明显的质感对比。

(5) 质地会受到修剪方式的影响，因其会使叶子的表面特征及外表发生很大的变化。

(6) 植物的季相特点也会影响其质地的变化。落叶植物在冬天看起来会显得很萧条，而在夏天则很茂密，花与果实的出现和大小，以及它们的颜色都会影响质地季节性的变化。所以设计者要有预见性，要在变化中求稳定，从而影响其配置要求。

(7) 距离同样会影响质地。全缘的植物在远处观察产生的效果与在近处看有区别。细腻的质地宜于近看，甚至要近观；相反，较粗的质地要远看，尤其有整体轮廓美的植物，如雪松、龙柏等。

第5章 园林植物种植设计程序

很多从事景观规划设计的人仅仅把园林植物当做一种配置在建筑周围的附属品,这是十分荒谬的。事实上,园林植物在很大程度上奠定了项目基地的特色,并发挥着巨大的生态效益。植物对于整体景观设计的成败有着至关重要的作用。

在植物景观规划设计过程中,园林设计师寻求的是一套可以解决由客户或客户群的需求所产生的一系列相关问题的综合性解决方案。最后的设计结果必须将设计目标与场地的局限性结合起来,并提供一个协调的生存环境。

鲜活的植物对于园林设计师,正如同木材对于木匠,颜料对于画家一样重要。首先必须考虑设计功能的问题,然后再选择植物材料并完成布置。如果不在栽培规划程序的一开始就确定其功能,那么规划就会变成一种对材料无序的排列。

为了有序而成功地达成规划目标,必须形成一套包含访问、调查、评估场地的系统。这一综合性系统应使客户的最初需要和场地的局限性相适应,并结合设计者的创造性投入。缺乏艺术参与这一至关重要的因素,任何一个规划过程都不可能取得全面的成功。以下内容讲述了一套有关规划前、规划中、规划后这三个阶段的特殊方法。它绝不是步骤和要素的简单排列。为了适应规划程序中的具体规划能力、场地、能源或预算限制等各方面的条件,一定数量的调整是必要的。

5.1 设计准备阶段——规划前必须考虑的要素

这一阶段包括收集与所选环境植物景观规划相关的资料。在这个阶段所收集资料的深度和广度将直接影响随后的分析与决定。因此必须注意收集那些与所规划场地有密切联系的相关资料。

步骤1:确定规划目标

客户和客户群在园林开发初期设想的时候,脑海中就已经有了明确的目标。例如他们可能想要建造一座正式的花园来为一座雕塑提供安置的环境,或为员工的休息放松提供便利的场所。他们也有可能想要重建一个地区使其恢复自然面貌,或是开垦一块由于开矿而被毁的地段。不管出于什么目的,设计者都必须对此了然于心并且将之列入规划目标。

步骤2:评估场地资源及现有条件

5.1.1 实地勘察的内容

1) 区域内的光照条件

要仔细观察项目地区各个部分的日照情况,一般分六个程度进行详细的记录:全日照、半日照、全遮荫、微暗、较暗、极暗。要明确基地包含了哪几种光照情况,最好在阳光充足的一整天内,明确阳光所经过的范围、照射方向、照射长度及建筑阴影覆盖区,确定各区域真正的日照模式,为以后确定植物类型，以及哪些地区不宜种植提供依据。

2) 区域内的土壤条件

要对区域内的土壤进行一定的测定，如土壤类型是黏土还是沙壤土，是贫瘠还是肥沃，pH呈酸性还是碱性，以及表土层的结构、含水量等。

3) 区域内的水文条件

调查区域内现有的水文条件，如是否有天然水源存在，人工水源的类型、分布密度、所在地点、管线的铺设都应调查清楚，并逐一加以记录。

4) 区域内现有植物调查

应对区域内现有的植物种类、树龄、种植位置、生长状况作详细调查。

5) 区域内交通及建筑情况调查

应对区域内各级道路的类型及分布，人流车流的情况以及流动方向都有总体的把握和记录，已有的建筑区域以及规划中的建筑位置、高度、方向都要十分明确。

5.1.2 区域内相关原始资料的收集

除了现场可以调查的几项外，还要收集一些必须掌握的原始资料，包括：所处地区大环境的气候资料(如气温、光照、风向、降水量)、水文资料(湖泊、河流、水渠分布状况)、地质土壤资料(地形标高、走向、地下水位等)、基地内环境资料(如交通、人居情况、人口密度等)、现存植物的相关资料(种类、生物学及生态学特性)等。

5.1.3 综合分析评估

在完成现场勘察和资料汇集后，结合项目要求进行细致的分析评估。主要包括：

1) 植物种植设计的功能需要评估

这是针对在项目地域中，植物所起到的或预期起到的功能及作用进行分析。除了种植设计中基本的审美考虑之外，在景观中植物设计应能使周围环境更舒适，功能性更强。所以要分析设计区域内的各种功能要求，如种植植物是用以护坡、水土保持，还是组织交通、设置屏障等。恰当的种植不仅能发挥其功能上的作用，还有利于环境的改善、营造出适宜的小气候条件。

2) 植物种植设计对项目区域环境影响评估

在设计区域内，要考察新引入的植物种类对项目区域生物多样性的冲击、对区域内供水灌溉的要求，以及由于自然植被的破坏造成对环境的影响。在进行种植设计时，这些考察应是首先要做的。为了减缓新的植物配置对区域的冲击，要求设计师具有保护现存植被的技术和乡土植物树种的知识，此外，还要具有景观生态学的相关知识。

3) 植物生长因素的分析

分析现有的各种条件与植物生长的关系。在作植物规划时，调查相关的环境因子有助于确定特定地点所需的植物类型。这些因子包括区域气候、小气候、现有水源、土壤情况、降雨量的分析。生长不良的植物往往是由于该处的植物种类选择不当或种植技术不当造成的。

4) 引入植物种类的危机评估

如果决定要从当地植物种群以外引入外来种时，要进行仔细的分析，因为这样做有时会造成意想不到的困扰。当一些物种被引入到设计的景观中时，常常繁殖很快，并侵入周围的林地，无法得到控制，这就是入侵种。入侵种往往是具有杂草特性的外来种，它与当地植物的生长产生竞争，并能迅速扩张、占领土地，形成极其稠密的种群，从而干扰了当地植物种群的自然演化。所以，如果在景观设计中要进行新的植物配置，必须进行相关引入种类对当地植物生态环境的影响评估，才能避免出现引入种失去控制、造成危害的后果。

5）对水资源的要求评估

园林景观设计中应尽量避免以那些需要大量灌溉才能维护的植物种植配置。应多采用低维护以及灌溉量低的植物种植，从而节约用水，降低维护成本。另外，由于植物对于水分的要求不一样，所以在进行整体种植设计时，应分析各种候选植物对水分的需求量，在设计时根据它们对水分的需求量进行组合，将水分需求相近的植物安排在同一生境中。最好利用能够很好适应当地土壤和降雨情况的乡土植物。

6）项目区域内现存植物的评估及保护

植物配置设计时，应从建设费用和景观需求两方面去考虑现存植物的保留规划。项目区域内现存植被一般都是能够适应区域立地条件的物种，原则上应尽量加以利用，这不仅有美学及经济成本两方面的意义，而且在大的生态格局中也起着积极的作用。即使需要进行全新的植物配置，也应从再利用和环保角度出发，对现存树木进行移植再利用。

步骤3：确定开发的限制条件

确定了规划目标和得出对场地资源的综合评估后，设计师就可以确定该场地的开发局限性并提供满足工程目标的不同选择，向客户讲解这些限制条件并提供开发策略。

以下建议三种选择：

(1) 这片园林必须能满足客户的所有要求。

(2) 一部分规划目标可以由客户的计划或场地特点中较小的调整来达成。

(3) 不对计划和场地特征进行较大耗资的修改，就达不到规划目标。就是在这个阶段，设计者和客户应决定继续该工程还是放弃。

5.2 设计构思阶段——提出初步的设计理念

进行项目基地现场踏勘及资料分析后，应及时对各类信息整理归纳，以避免遗忘一些重要细节。设计构思多半是由项目的现状所激发产生的。要注意这种最初的构思、感觉以及对项目地点的反应，因为会有许多潜在的因素影响设计构思。在现场应注意光照、已有景致对设计者的影响，以及其他感官上的影响。明确植物材料在空间组织、造景、改善基地条件等方面应起的作用，做出种植方案构思图。构思的过程就是一个创造的过程，每一步都是在完成上一步的基础上进行的。应随时用图形和文字形式来记录设计思想，并使之具体化。

在这一阶段，要提出一套可以达到工程目标的初步设计思想，并根据这套思想来安排基本的规划要素。随着客户的进一步投入，设计师可以就栽培开发做出必要而具体的决定。

步骤1：确定对植物材料的功能需求

以工程目标为基础，确立规划环境的形状。必须考虑栽培材料(墙、顶棚、地板、栏杆、障碍物、矮墙和地面覆盖物)的基本栽植方式。

步骤2：确立初步的概念

根据种植规划设计的要素，如色彩、形式、结构等，来确定整个空间内的景物设计。这些景物(或受这些要素支持或受宏观环境控制)所形成的小环境，应该反映你的设计理念。

步骤3：选择合适的植物

这时应该根据规划要求来选择适用的栽培材料。如有任何特殊需要，例如要对一个引人入胜的景致加一个视框，应使被选择的特殊植物满足这一需要。

步骤4：得出初步的栽培计划

在这份初步计划中，总结出你的调查、评论以及设计思想。与客户一起检阅这份计划，做出必要的修改，获得意见与建议。

5.3 设计创建阶段——制定完整的种植计划

设计的第三步是要将各种细节具体化，可以列出一个详细的植物清单，写出有利或不利的各个方面。通过图纸的表达将构思变为现实。

种植设计是园林整体景观设计中的细部设计之一，当初步方案决定之后，便可在总体方案基础上与其他工程的细部设计同时展开施工。

种植设计的具体化步骤如下：

5.3.1 研究初步方案

根据基地总体的规划设计进行种植设计图的调整，图中应精确地显示场地边界和所有的地形特征，如墙、栅栏、灯柱、车道、人行道、铺装区以及现存的需保留的植被，然后确定种植设计的最终方案。

(1) 首先在坐标纸上画出项目区域的总体规划图，标出建筑、设施、车道和小路。

(2) 将描图纸铺在设计图上，标出现有景观，如现有的良好的景观、要保留的树木植被，已有的绿篱等。

(3) 在第二张描图纸上，画出想种植的植物类型，如花坛、花境或者树木、绿篱等。

(4) 继续在描图纸上进行修改，直至满意。

5.3.2 选择植物

在种植设计底图的基础上，可着手进行植物的清单和配置。图面应有注解和图示，并尝试列出所需的植物种类，并且也要考虑各种植物的生长特点以及生态学特性和栽植养护的力度。

在进行植物选择时的总体原则：

(1) 应以基地所在地区的乡土植物种类为主。

(2) 也应考虑已被证明能适应本地生长条件，长势良好的外来或引进的植物种类。

(3) 也要考虑植物材料的来源是否方便，规格和价格是否合适，养护管理是否容易等因素。

5.3.3 植物具体配置

在此阶段中应该用植物材料使种植方案中的构思具体化，这包括详细的种植配置平面、植物的种类和数量、种植间距等。详细设计中确定植物应从植物的形状、色彩、质感、季相变化、生长速度、生长习性、配置在一起的效果等方面去考虑，以满足种植方案中的各种要求。

5.3.4 种植平面图及有关说明

在种植设计完成后就要着手准备绘制种植设计图。种植设计图是种植施工的依据，其中应包括植物的平面位置或范围、详尽的尺寸、植物的种类和数量、苗木的规格、详细的种植方法、种植坛或植台的详图、管理和栽后保质期限等图纸与文字内容。

5.4 园林植物配置的要点总结

(1) 根据相关法规和行业规则的规定确认场地的绿化面积、植树量、树种、配置等。

(2) 设计时，应根据规划地区的环境条件确定植物种类。栽植的规划设计，要根据基地的气象条件、风向影响、日照情况(亦即来自规划建筑、相邻建筑、围墙、现状树木的遮挡影响)、地下水位高度、高层风、土壤条件、大气污染等现状情况，选择适合当地条件的树种，挑选具有相应生活习性的植物种类。在必要时应适当进行土壤改良、填土以及配备排水设施。

(3) 栽植规划要考虑树木对周围环境和居民的影响。具有遮蔽作用的栽植规划，应将中木与落叶小高木配合种植以确保一定日照，同时考虑选择不易生虫的树种。

(4) 应确保一定的客土厚度和栽植空间。栽植需要一个最基本的土壤空间，即树木泥球所需的树池深度与直径。同时，还需要一个略大于树木正常生长所需的空间。另外，在确保树池规模的同时，规划设计也要兼顾建筑、围墙等构筑物的地基和市政管线的位置、规模、埋置深度等。

(5) 依据总体概预算和工程费用以及管理水平进行规划设计栽植。应预先使建设方明了，栽植应根据其在整个建设概算中的比重，以及它在园林工程预算中的比重而规划，依据工程费用条件和管理水平进行设计。

(6) 预先确定能否获得所规划的栽植树木，其数量及种类，还有来源，应尽可能在栽植施工前一年就确定树源。

第6章　园林植物种植设计图纸绘制

植物景观设计图纸作为基本的表达工具，用以保证植物景观设计的实施，同时也是业主、设计师和施工方之间重要的沟通工具。

业主需要通过图纸对该地块上将要发生的活动获得一个清晰的概念。对于业主和施工方来说，植物景观设计图也是建立工程进展预算的工具。

园林工程的施工方根据图纸，按照设计师的说明进行植物材料的布置。因此，图纸应当包括正式的种植说明书、施工要求和种植细目，以令人满意的方式来实施。设计方案所需的所有信息都应当在图纸中表现出来。对施工方来说，任何口头解释都不能作为施工依据。园林施工方也把图纸作为价格设定、劳力测算、工具需求和获取植物材料的依据。

植物景观设计图纸也可以用于在工程需要和建设之前从苗圃预定植物材料。鉴于很多稀有植物品种变得越来越难找的情况，图纸的这种作用就显得尤其重要。

6.1　植物景观设计图纸的组成部分

下面所列出的是植物景观设计图纸中的各个组成部分，图纸绘制过程中应当好好地组织。平面图中包含了巨大的信息量，所有平面图纸组成部分的安排应当引起足够的重视。下面的提纲显示了平面图纸中应当包含的各个组成成分。然而，应当指出的是，这个清单的内容应当根据工程规模的大小以及绘制图纸比例的不同而有所变化和调整。在大型工程中，为了保证获得可操作的图纸比例，有必要采用多张图纸。但不管怎么样，任何一个工程都需要有一张工程进度表。

1) 比例尺，包括文字和图案两种形式
2) 指北针
3) 原有植物材料
4) 需要调整和移植的植物
5) 灌木、藤蔓植物和地被（包括现有的和规划的）
6) 适用的地形图
7) 必要的详图（通常需要单独的图纸）
8) 小地图
9) 标题栏
  (1) 工程名称
  (2) 工程地址
  (3) 园林设计师
    ① 名字

② 固定地址

③ 注册章

(4) 描图员姓名

(5) 日期

(6) 页码

10) 植物名录表

(1) 项目代码(或者是使用的图例)

(2) 植物数量

① 位置

② 总数

(3) 植物名称

① 俗名

② 拉丁名

③ 品种名

(4) 植物规格及种植条件

① 规格

a. 容器

b. 高度

c. 胸径

② 种植条件

a. 容器大小

b. 土球及捆绑办法

c. 裸根

(5) 灌木和地被占用的面积

(6) 备注(比如"多分枝"或"攀爬植物")

(7) 植物类别(如乔木、灌木、地被等)

(8) 价格估算(也可以留空,由工程承包方或者是投标方提供费用数据)

11) 草皮面积(在平面图和统计表中都要有所反映;如果草皮是现有的,就需要在图纸上面表达出来以示区分)

6.2 植物绘图表现方法简介

植物的种类很多,各种类型产生的效果各不相同,表现时应加以区别,分别表现出其特征。

6.2.1 树木的表示方法

1) 树木的平面表示方法

树木的平面表示可先以树干位置为圆心、树冠平均半径为半径作出圆,再加以表现,其表现手法非常多，表现风格变化很大。

2）树木的立面表示方法

树木的立面表示手法也可分成轮廓、分枝和质感等几种类型，但有时并不十分严格。树木的立面表现形式有写实的，也有图案化的或稍加变形的，其风格应与树木平面和整个图面相一致。

3）树木平、立面的统一

树木在平面、立(剖)面图中的表示方法应相同，表现手法和风格应一致。树木的平面冠径与立面冠幅相等、平面与立面对应、树干的位置处于树冠圆的圆心。这样作出的平面、立面图和剖面图才和谐。

6.2.2 灌木和地被植物的表示方法

灌木没有明显的主干，平面形状有曲有直。自然式栽植灌木丛的平面形状多不规则，而修剪的灌木和绿篱的平面形状规则的或不规则的皆有，但整体上是平滑整齐的。灌木的平面表示方法与树木类似，通常修剪规整的灌木可用轮廓、分枝或枝叶型表示，不规则形状的灌木平面宜用轮廓型和质感型表示，表示时以栽植范围为准。由于灌木通常丛生、没有明显的主干，因此灌木平面很少会与树木平面相混淆。

地被植物宜采用轮廓勾勒和质感表现的形式。作图时应以地被栽植的范围线为依据，用不规则的细线勾勒出地被的范围轮廓。

6.2.3 草坪和草地的表示方法

草坪和草地的表示方法很多，图中介绍一些主要的表示方法(图 6-1)。

图 6-1 草坪画法示例

6.3 植物种植设计图纸的类型

6.3.1 种植平面图

在种植平面图中应标明每种树木的准确位置，树木的位置可用树木平面圆圆心或过圆心的短十字线表示。在图面上的空白处用引线和箭头符号标明树木的种类，也可只用数字或代号简略标注。同一种树木群植或丛植时可用细线将其中心连接起来统一标注。随图还应附一植物名录，名录中应包括与图中一致的编号或代号、普通名称、拉丁学名、数量、尺寸以及备注。很多低矮的植物常常成丛栽植，因此，在种植平面图中应明确标出种植坛或花坛中的灌木、多年生草花或一、二年生草花的位置和形状，坛内不同种类宜用不同的线条轮廓加以区分。在组成复杂的种植坛内还应明确划分每种类群的轮廓、形状，标注上数量、代号，覆上大小合适的格网。灌木的名录内容和树木类似，但需加上种植间距或单位面积内的株数。草花的种植名录应包括编号、俗名、学名(包括品种、变种)、数量、高度、栽植密度，有时还需要加上花色和花期等。

种植图的比例应根据其复杂程度而定，较简单的可选小比例，较复杂的可选大比例，面积过大的种植宜分区作种植平面图，详图不标比例时应以所标注的尺寸为准。在较复杂的种植平面图中，最好根据参照点或参照线作网格，网格的大小应以能相对准确地表示种植的内容为准。

6.3.2 种植设计表现图

种植设计表现图不追求尺寸位置的精确，而重在艺术地表现设计者的意图。通俗点说，就是追求图面的视觉效果，追求美感。平面效果图、透视效果图、鸟瞰图等都可以归入这个范畴。绘制种植设计表现图也不可一味追求图面效果，不可同施工图出入太大。

6.3.3 设计详图

种植平面图中的某些细部尺寸、材料和做法等需要用详图表示。不同胸径的树木需带不同的土球，根据土球大小决定种植穴的尺寸、回填土的厚度、支撑固定桩的做法和树木的修剪。用贫瘠土壤作回填土时需适当加些肥料，当基地上保留树木的周围需填挖土方时应考虑设置挡地墙。在铺装地上或树坛中种植树木时需要作详细的平面和剖面以表示树池或树坛的尺寸、材料、构造和排水。

6.4 计算机在园林植物种植设计图纸绘制中的应用

在当今园林设计中，计算机辅助设计已成为一种方便、快捷的手段。它能将方案设计、施工图绘制、工程概预算等环节形成一个相互关联的有机整体，可有效地降低设计人员的劳动时间，节省描图、制图的材料消耗。在计算机上校核方案，具有可观性好、修改方便、不破坏原始方案等诸多优点。

使用计算机进行设计，软件应用是一个重要环节。在美术设计、平面设计等方面，已有许多优秀软件出现，如：Photopaint、Photostyler、Photoshop等。目前，进行园林设计常应用多种软件来完成从平面到立体效果图的绘制。

6.4.1 园林设计电脑硬件配置要求

作为园林设计，与建筑设计的不同处在于：总平面大，且平面形状大多不规则，难以用一个简单的轴网确定下来。因此，单靠鼠标和键盘输入就比较困难，最好能有数字化仪器，输出设备应选择幅面较大的绘图仪。

计算机硬件环境：理想的配置应达到P4以上CPU，256M以上内存，40G以上硬盘。现在市场上内存达到2G以上的主流CPU芯片十分流行，所以电脑配置应不成问题，越高越好。另外，为工作方便，还应配置输入输出设备，即添加一台彩色扫描仪和彩色打印机，若经费充足可选用绘图仪以及数码相机用来输入植物材质。

6.4.2 园林设计中的计算机主要应用软件组合

尽管现有一些新的软件被应用于园林设计中，但应用最为广泛的配置组合仍是以AutoCAD2000/2002/2004、3dsMAX、Photoshop7.0或以上为主的三套组合，其他还有各种建筑模块，结合使用可以完成园林设计所需求的平、立、剖面图及效果图的绘制。

1) AutoCAD2000/2002/2004

AutoCAD 系列是通用 CAD 软件，在园林设计中较多地用于图形文件的基本绘制，如平面方案设计、施工图的绘制等。它具有建模尺寸精确、实体自动捕捉等辅助工具特点。但建立三维自由曲面的能力较弱。

2) 3D Studio MAX

这是专业的三维动画制作软件，具有建模、渲染、动画合成等功能，有丰富的材质、贴图、灯光和合成器。在建模方面其三维路径放样、截面变形放样、面片建模等功能可弥补 AutoCAD 的不足，具有更为逼真的效果。

3) Photoshop 软件

Photoshop 系列软件是应用非常广泛的图像处理软件。主要用于图形文件的后期效果处理，进一步编辑加工 AutoCAD 和 3dsMAX 所绘制的图形或方案，如所需的材质贴图，在渲染后的图像上加背景和人物、汽车等配景，校正图像色彩以及烘托气氛。在方案阶段直接借用一些现有的材料库图形以替代建模，可缩短提交方案的时间。对于透视要求不高的场景，甚至可以直接利用现有材质通过粘贴绘制出一幅效果图。

6.4.3 计算机园林制图基本过程

1) AutoCAD 平面绘图简介

用 CAD 绘图，准备工作很重要，绘图之前，可以先手绘一张草图，初步确定各部位大致尺寸、图案纹样等，然后依据图形特点决定采用哪些命令。用 CAD 绘图时许多不同命令可以达到同一目的，原则上使用自己熟悉的命令、操作便捷的命令，并尽可能使用简化命令。绘图时，编辑工作很费时间，应尽可能减少这部分的工作。

对园林规划设计中复杂的地形，可以采用扫描仪，将图形扫描到计算机内，生成 BXI 文件，再在 CAD 中转化为 DWG 文件进行编辑。对比较简单的地形，以及园林古建筑中的飞檐翘角，一般采用坐标法或方格网法直接绘出，而能否绘出流畅的曲线直接影响到图纸的质量。所以，可先用 CAD 中的栅格控制打开(置于 GRIDON 状态)，然后用 PLINE 线绘出类似曲线的折线，最后用 PEDIT 命令将折线变为曲线。

纯 CAD 绘图由于图案大小、线条粗细过于整齐，没有手绘的生动活泼。而在方案设计阶段，图案是否生动是十分关键的，为了克服这一缺点，可采用如下的方法：对同一图素采用不同的比例制作成块，再按需要插入，这样即可产生变化增加生气。

CAD 绘图时，一项重要的工作就是资料的积累和保存，这对提高绘画速度是至关重要的。每作一项工程设计就应将其中有用的图样制作成块，存入图库，当有类似的需要时，通过调用，可大大减少工作量，提高效率。植物的平面图可以制作成图库，在以后应用中方便调用。

2) 园林三维效果图的绘制

园林效果设计图也分 3 个步骤：

(1) 建模。即建立表现图中所需的物体如建筑、水体、道路等的三维模型，根据这些模型以得到它们任意角度的透视图。建模所使用的软件是 AutoCAD。

(2) 渲染。渲染过程类似手工绘图的上色过程，在手工上色时需分出物体间的素描关系和表现

物体的质感，渲染过程中通过"灯光"体现素描关系，通过赋予模型材质来体现物体的质感。这一过程可使用 3dsMAX 或 3DVIZ 软件包。经过渲染所得的 JPG、TIF 等格式文件，可在 Photoshop 后期处理软件中直接调用。

（3）后期处理。后期处理过程类似于手工绘画的最后润色过程。由于渲染所得透视图的影像文件还有很多内容尚未完成，譬如植物、天空及其他必要配景尚未添加，后期处理过程对于园林表现图来说相当重要，耗时也最长。其应用软件 Photoshop 是一种平面影像处理软件。植物和其他配景透视效果的获得，是参考渲染图中建筑、道路等的透视变化，依靠经验将调入的配景镶嵌大小与色彩的调整而得到的。

Photoshop 处理所需的植物影像文件，主要有 3 种：

（1）图库文件。市面上相关的园林图库光盘。

（2）扫描植物图片。

（3）数码相机直接拍摄。

计算机制图的具体过程比较复杂，现在市场上有很多的相关书籍，可以参考，在这里就不多加赘述了。

第2篇 各 论

第7章 城市道路、广场的种植设计

7.1 道路植物种植设计营造基础

7.1.1 城市道路种植设计常用的技术名词

(1) 红线：有关城市建设的图纸划分建筑用地和道路用地的界线，常以红色线条表示，故称红线。

(2) 道路分级：我国城市道路一般分为三级，指主干道（全市性干道）、次干道（区域性干道）、支路（居住区或街坊道路）。道路分级的主要依据是道路的位置、作用和性质。

(3) 道路横断面：是沿着道路宽度方向，垂直于道路中心线所作的剖面。它能显示出车行道、人行道、分车带以及排水设施等。

(4) 道路总宽度：也称路幅宽度，即规划建筑线之间的宽度。包括道路横断面的各个组成部分。

(5) 道路绿地：道路及广场用地范围内的可进行绿化的用地，可分为道路绿带（包括分车带绿地、人行道绿地、路侧绿地、街道小游园绿地）、交通岛绿地、广场绿地和停车场绿地。

(6) 道路绿地率：道路红线范围内的各种绿带宽度之和占总宽度的百分比。

(7) 分车带：车行道上纵向分隔行驶车辆的设施或绿带，常高出路面十余厘米，也有在路面上以漆涂纵向白色或黄色标线，分隔行驶车辆的，称为"分车线"。

(8) 分车绿带：车行道之间可以绿化的分隔带，其位于上下行机动车道之间的为中间分车绿带；位于机动车道与非机动车道之间或同方向机动车道之间的为两侧分车绿带。

(9) 行道树绿带：布设在人行道与车行道之间，以种植行道树为主的绿带。

(10) 路侧绿带：在道路侧方，布设在人行道边缘至道路红线之间的绿带。

(11) 交通岛及交通岛绿地：交通岛是为便于管理道路交通而设置的一种岛状设施，一般可用混凝土或砖石围砌，高出路面十余厘米，并可绿化。其包括道路交叉口的中心导向岛、路口上分隔进出车辆的导向岛、高速公路上互通式立体交叉干道与匝道围合的绿化用地及宽阔街道中供行人避车的安全岛。交通岛绿地分为中心岛绿地、导向岛绿地和立体交叉绿岛。

(12) 广场、停车场绿地：广场、停车场用地范围内的绿化用地。

(13) 装饰绿地：以装点、美化街景为主，不让行人进入的绿地。

(14) 开放式绿地：绿地中铺设游步道、设置座椅等，供行人进入游览休息的绿地。

(15) 通透式配置：绿地上配植的树木，在距相邻机动车道路面高度 0.9~3.0m 之间的范围内，其树冠不遮挡驾驶员视线的配置方式。

(16) 安全视距：指驾驶员在一定距离内能随时看到前面的道路及在道路上出现的其他车辆或障碍物，以便能有所反应的最短通视距离。

7.1.2 城市道路的绿地率指标

根据《我国城市道路绿化规划与设计规范》规定，在进行道路绿化的设计时，应确保达到以下标准：

(1) 园林景观路绿地率不得小于40%；

(2) 红线宽度大于50m的道路绿地率不得小于30%；

(3) 红线宽度在40～50m的道路绿地率不得小于25%；

(4) 红线宽度小于40m的道路绿地率不得小于20%。

7.1.3 城市道路的功能分类

城市道路是城市的骨架、交通的动脉、城市结构布局的决定因素。城市规模、性质、发展状况不同，其道路也有多种多样。根据道路在城市中的地位、交通特征和功能可分为不同的类型。一般分为城市主干道、市区支道、专用道三大类型。

7.1.4 城市道路的绿化横断面类型

城市道路横断面的组成是与道路的性质和功能密切相关的，道路横断面多种多样，一般是由车行道——包括机动车道(即快车道)和非机动车道(即慢车道)、人行道、分隔带(绿化带)等组成。

目前，我国道路横断面主要有4种形式：单幅路、双幅路、三幅路和四幅路。相应的绿化形式如表7-1所示。

城市道路绿化横断面类型　　　　　　表7-1

名称	定义	图例
单幅路	"一块板"道路，所有车辆在同一车行道上混合行驶	人行道|车行道|人行道
双幅路	"两块板"道路，在行车道中心用分隔带或隔离墩将车行道分成两半，对向机动车分向行驶	人行道|车行道|车行道|人行道
三幅路	"三块板"道路，中间为双向行驶的机动车道，两侧设置分隔带将机动车和非机动车分隔，分隔带外侧为非机动车行车道和人行道	人行道|慢车道|快车道|慢车道|人行道
四幅路	"四块板"道路，在三幅路的基础上，设置中央分隔带将对向行驶的机动车进行分隔，实现机动车、非机动车、行人各行其道	

7.1.5 城市道路景观的基本特性

城市道路景观是各种物理形态的综合体，包括道路地形、植物、建筑、构筑物、设施、小品等多方面的元素。一个完美的道路景观应融汇科学、艺术等多方面的成就，包括生态学与行为学的成果，将自然与人工环境进行合理的配置、重组及再创造，具有时效性及前瞻性。道路景观营造的成功与否要看它是否符合以下基本的特性。

1) 道路景观的人性化特性

美国学者 Kevin Lynch 曾经将道路描述为定向的交通活动与不定向的人的活动的统一体,既是交通运输的通道又是人们户外生活的重要场所。这表明道路中人与车应当存在着一种和谐的共容关系。随着社会的发展和技术的进步,这种共容关系渐渐被所谓的"汽车模式空间"所代替,人性空间被一度淡漠或忽视。当然,随着现代城市大园林的建设,人们正在探索着一种新的共存结构,创造出一种新的人性空间。城市道路是车与人共存的空间,人与车组成道路的活动主体。

2) 道路景观的空间特性

道路空间尺度的确定首先取决于其交通的性质,应该符合其运输的功能要求。同时,两边的建筑与道路的宽度也构成道路的空间特性,决定着一条道路的活动适宜度。根据有关学者针对人的视觉感受的研究,道路的宽(路宽)高(周边建筑的高)比(D/H)应控制在 1:1~2:1 之间比较合适,在此范围内既有一定的安定感,又不会产生压抑的感觉。

3) 道路景观的视觉特性

(1) 速度与视觉:城市道路的空间视觉是建立在道路两侧建筑物之间的范围内,所以各类物理元素构成了道路的视觉景观。道路是人的各种速度共存的空间,除了行驶汽车中的人、还有骑车的人、步行的人以及休憩的人,人以不同的速度在移动过程中对景观的感知能力和范围都有所不同。人的步行速度一般在 3.0~4.5km/h,但带有一定的随意性和不确定性,对于景观的感受程度取决于他们的行动,如购物、闲逛、观赏等;对于骑车的人,平均速度为 10~15km/h,思想较为集中,视线一般落在道路前方 10~30m 的地方,有时会注视到路边 8m 远的地方;对于机动车来说,人的视觉处在连续与运动中,可以把各个相距较远地段上的物体串成一体,以此获得道路的整体印象;对于驾驶员来说,速度愈快,注意力会愈集中,视野距离增大,观察范围缩小,对景观细部的注意会相对减弱,景观序列也随速度的不同而不同。

(2) 色彩与视觉:道路环境的色彩起着表现感情的作用。色彩在光影作用下不同的明度、色调、饱和度会在人的视觉中形成不同的心理反应。现代社会,生活节奏的紧张、城市建筑的林立,更易形成混乱而又有刺激性的色彩堆砌,使人的心理产生焦虑、烦躁的反应,所以城市道路的空间色彩需有一定的控制,以降低对人的视觉干扰。

4) 道路景观的质感特性

道路的质感包括道路中的硬质景观与软质景观,前者包括道路铺地、建筑以及相应的设施等,后者则包括植物、水体等环境装饰元素。二者在体量与比例上的配置,影响着整个道路的形象。此外在道路环境中,由于空间的有限,造景形式及手法受到一定的限制,所以要求硬质景观和软质景观在搭配组合上更讲究艺术性,并要求符合美学原理。

7.2 城市道路的植物种植设计与营建

7.2.1 城市道路种植设计作用及原则

1) 城市道路种植设计的作用

(1) 景观作用

① 组织空间:种植设计可对道路的空间进行有序、生动而虚实结合的分割,有别于硬质景观

(如街道护栏、路障等)对空间的机械性分割。

② 统一街道立面：植物可以充当一条导线，将环境中所有不同的部分从视觉上连接在一起。植物作为一种恒定因素，可以把其他杂乱的景色统一起来。

③ 体现自然与人工结合的艺术之美。

(2) 实用功能

① 规划交通：弯道外侧沿边缘树木整齐连续栽植，可以预告道路走向变化，引导驾驶员行车视线变化，保证交通安全。

② 隐蔽作用：可形成隔离带遮蔽道路周边地区居民生活。

③ 防护作用：对城市的人流、物流、能流的运输有积极的保护作用，特别是车流量比较集中的城市干道、立交桥和交叉路口等地区，植树、栽花、种草既能很好地改善道路周边环境，也有利于保证行车交通安全。

(3) 生态功能

随着城市机动车辆的增加，交通污染日趋严重，原有区域的碳—氧平衡、水平衡、热平衡等遭到破坏，成为城市的重要污染源之一。城市道路绿地系统属于人类塑造的一种特殊的"绿廊"，可以有效地减少这些污染，调节城市气候。

2) 城市道路种植设计的美学原则

(1) 统一与多样

在道路种植设计时，应首先充分分析目标道路的功能、生态条件、道路模式、建筑构成、地面铺装、管线布局等因素。然后决定种植设计的形式与组成，形成道路景观有序的统一，实现多样性与统一性的合理化结合。

(2) 对比与对称

道路景观中的对比性主要是指造型要素中的点、线、面以及形、色、质之间的组合中的对比。道路的对称性主要体现在其平面的几何图形及道路横断面上。

(3) 比例及韵律

比例关系主要体现在种植设计的空间尺度上，植物的类型、高度以及它与人体尺度的关系对空间比例起着不同的作用。

韵律性主要表现为通过规律性的重复或交替使用所产生的景观效果。

(4) 民族风格与地方特色

在进行道路植物景观营造时，应考虑民族性与地域性的不同，应考虑突出城市的地方特色，避免一味照搬、盲目模仿，应多选用地方植物材料，形成独具特色、带有标志性的道路景观。

3) 城市道路种植设计的设计原则

(1) 因地、因时、因材制宜原则。

(2) 科学与艺术相结合的原则。

(3) 远近期结合原则。

(4) 个性、特色、多样性原则。

4) 城市道路植物配置的原则

植物配置就是道路绿地的种植设计，它与道路的功能、类型及周围的环境条件密切相关，需根据具体情况，合理配置各种植物，以期发挥出植物最佳的生态功能与景观效果。

(1) 在植物的选择上要适地适树，创造地方道路的特点。

(2) 在植物的应用上要形式多样，乔灌草相结合，常绿与落叶相结合，速生与慢长相结合，要营建多层次、长持续的景观效果，而不能只图短期的效益。

(3) 在植物的搭配上，要以完善道路绿地的实用功能为基础，大胆创新，树种要丰富多彩。

(4) 在植物配置的设计中，要杜绝华而不实的追慕之风。

(5) 在植物的种植设计中，要充分考虑到绿地植物与各项公共设施之间的关系，准确把握好各种管线的分布、铺设的深度。另外，还要分析其他景观小品，然后选择合适的植物材料与之配植，以达到整体景观的和谐。

7.2.2 人行道绿化带种植设计

人行道绿化带指从车行道边缘至建筑红线之间的绿地。它包括人行道与车行道之间的隔离绿地（行道树绿带）以及人行道与建筑之间的缓冲绿地（也称基础绿地或路侧绿带）(图7-1)。

1) 行道树绿带种植设计

行道树绿带连接着沿街绿地、居住绿地、各类公共绿地、专用绿地及郊区风景游览绿地等，组成城市的绿地网。对改善城市景观、提高城市生活空间的质量起着不容忽视的作用。

(1) 行道树绿带的种植宽度

图7-1 大连人行道绿化带种植设计

行道树绿带的宽度是为了保证树木能有一定的营养面积，满足树木最低生长要求，在道路设计时应留出1.5m以上的种植带。

(2) 行道树的种植分类

① 树池式：

a. 树池的平面尺寸：最低限度为宽度1.2m的正方形。

b. 树池的立面高度：树池的高度要根据具体情况而定，通常可分为平树池与高树池两种。

② 树带式：当人行道有足够的宽度时，可在人行道与车行道之间留出一条不小于1.5m宽的种植绿带，可由乔木搭配灌木及草本植物，形成带式狭长的不间断绿化，栽植的形式可分为规则式、自然式与混合式。具体选择的方式要根据交通的要求和道路的具体情况而定。

③ 两种形式的应用范围：当人行道的宽度在2.5～3.5m之间时，首先要考虑行人的步行要求，原则上不设连续的长条状绿带，这时应以树池式种植方式为主。

当人行道的宽度在3.5～5m时，可设置带状的绿带，起到分隔、护栏的作用，但每隔至少15m左右，应设供行人出入人行道的通道门以及公交车的停靠站台，一般配以硬质地面铺装。

(3) 行道树的株行距

在确定行道树种植株行距时需注意以下几点：

① 苗木的规格。如果所选苗木的规格较大，则株距可适当加大，常用的株距有4m、5m、6m、

8m等，应以树种壮年期冠幅为准。

② 树木的生长速度。

③ 环境要求。

(4) 行道树的定干高度

首先要考虑到车辆通行时的净空高度要求，尤其大型公交车的停靠站附近，定干高度不得低于3.5m。

另外，要防止两侧行道树正道路上方的树冠相连，不利于汽车尾气的排放。

(5) 行道树绿带的树种选择及配置方式

① 树种选择

a. 应以乡土树种为主。

b. 应当选择有观赏价值的树种。

c. 行道树宜选用阔叶乔木。

d. 分枝点高，耐修剪。

e. 花果无异味，无飞絮、飞毛，无落果，枝干无刺，枝叶无毒。

f. 深根性树种，一可抗风，二来根部不会隆起于地面，从而不会影响地面的铺装平整。

② 行道树基本配置方式

目前，我国较为常见的行道树配置方式有以下几种：

a. 单一乔木的配置(图7-2)。

b. 不同树木间植。

c. 乔、灌木搭配：(a)落叶乔木与常绿绿篱结合。(b)常绿树木为主或常绿树与常绿绿篱搭配。(c)乔木与灌木为主的搭配(图7-3)。

图7-2 南京悬铃木行道树景观

图7-3 新加坡行道树配置

d. 草地与花卉搭配。

e. 林带式种植。

f. 自然式种植。

(6) 行道树的修剪及树形控制

行道树是指在道路两旁整齐列植的树木，主干高要求在2.5~2.8m。城市中干道栽植的行道树，主要的作用是美化市容，改善城区的小气候，夏季增湿降温、滞尘和遮荫。

行道树要求枝条伸展，树冠开阔，枝叶浓密。冠形依栽植地点的架空线路及交通状况决定。主干道上及一般干道上，采用规则形树冠，修剪成杯状形、开心形等形状。在无机动车辆通行的道路或狭窄的巷道内，可采用自然式树冠。

① 杯状形行道树的修剪整形

杯状形行道树，如法桐(Platanus orientalis)、槐树、白蜡树(Fraxinus chinensis)，具有典型的3叉6股12枝的冠形。选3～5个方向不同，分布均匀，与主干成约45°夹角的枝条作主枝，其余分期抹或疏枝。冬季芽对主枝留80～100cm短截，剪口芽留在侧面，并处于同一平面上，第二年夏季再疏枝。抹芽时可暂时保留直立主枝，促使剪口芽侧向斜上生长。第三年冬季于主枝两侧发生的侧枝中，选1～2个作延长枝，并在80～100cm处再短剪，剪口芽仍留在枝条侧面，疏除原暂时保留的直立枝、交叉枝等。如此反复修剪，经3～5年后即可形成杯状形树冠。骨架构成后，树冠扩大很快，疏去密生枝、直立枝，促发侧生枝，内膛枝可适当保留，增加遮荫效果。

② 开心形行道树的修剪整形

多用于无中央主轴或顶芽能修剪的树种，树冠自然展开，如山桃(Prunus davidiana)、合欢(Albizia julibrissin)。定植时将主干留3m截干，春季发芽后，选留3～5个位于不同方向、分布均匀的侧枝进行短剪，促进枝条生长成主枝，其余全部抹去。来年萌发后选留6～10个侧枝，使其向四方斜生，并进行短截，促发次级侧枝，使冠形丰满、匀称，整个树冠呈扁圆形。

③ 自然式冠形行道树的修剪整形

在不妨碍交通和其他公用设施的情况下，树木有任意生长的条件时，行道树多采用自然式冠形，如塔形、卵圆形、扁圆形等。

有中央领导枝的行道树，如银杏、毛白杨、圆柏、侧柏等，分枝点的高度按树种特性及树木规格而定。栽培中要保护顶芽向上生长。城市干道行道树分枝点一般在2.8m，郊区多用高大树木，分枝点在4m以上。主干顶端如受损伤，应选择1个直立向上生长的枝条或在壮芽处短剪，并把其下部的侧芽抹去，抽出直立枝条代替，避免形成多头现象。树冠成形后，仅对枯病枝、过密枝疏剪，一般修剪量不大。

无中央领导枝的行道树，选用主干性不强的树种，如旱柳、榆树等，分枝点高度为2～3m，留5～6个主枝，各层主枝间距短，自然长成卵圆形或扁圆形的树冠。每年修剪主要对象是密生枝、枯死枝、病虫枝和伤残枝等。

行道树在定干时，同一条干道上分枝点高度应整齐一致，不可高低错落，影响美观与管理。

(7) 我国城市常用行道树树种

我国地域广阔，各地方的生态条件、气候条件都有所差异，在行道树的利用上也应因地制宜。

行道树与人们的生产生活有着密切关系。根据多年的园林规划与生产实践，总的来说，行道树的选择至少应注重以下四方面的问题：一是应代表一个区域或一个城市的文化内涵；二是应与当地的自然环境相适应；三是应具有优美的景观效果；四是达到良好的遮荫效果。

下面选择部分地区代表城市，对其常用行道树种进行列举：

① 东北地区——沈阳市

根据调查沈阳市现有208条主要街路(一、二级街路)，栽植的主要行道树有：针叶树(7种)：油松、圆柏、红皮云杉(Picea koraiensis)、云杉、樟子松(Pinus sylvestris var. mongolica)、华山松

(*Pinus armandii*)、青杆(*Picea wilsonii*);阔叶树(22种):旱柳、垂柳、馒头柳、榆树、垂榆(*Ulmus pumila* var. *pendula*)、大叶榆(*Ulmus laevis*)、加拿大杨(*Populus canadensis*)、毛白杨、新疆杨(*Populus bolleana*)、银杏、刺槐(*Robinia pseudoacacia*)、槐树、皂荚(*Gleditsia sinensis*)、臭椿(*Ailanthus altissima*)、栾树(*Koelreuteria paniculata*)、白蜡树、稠李(*Padus racemosa*)、丝棉木(*Euonymus maackii*)、山楂、山杏(*Armeniaea sibiriea*)、梓树(*Catalpa ovata*)、五角枫(*Acer mono*)。

② 华北地区——太原市

太原市主要绿化树种有三类,一是针叶树:油松、白皮松、云杉、青杆、圆柏;二是阔叶乔木:毛白杨、槐树、白蜡、银杏、旱柳、榆树、栾树;三是花灌木:榆叶梅、连翘(*Forsythia suspensa*)、紫叶小檗、金叶女贞(*Ligustrum acutissima*)、胶东卫矛(*Euonymus kiautschovicus*)、紫丁香。

③ 西北地区——西安市

行道树树种主要有以下20余种:槐树、法桐、毛白杨、紫花泡桐(*Paulownia tomentosa*)、雪松、女贞、臭椿、油松、板栗、苦楝(*Melia azedarach*)、樱花、合欢、刺柏(*Juniperus formosana*)、五角枫、白蜡树、构树(*Broussonetia papyrifera*)、水杉(*Melasequoia glyptostroboides*)、圆柏、广玉兰、银杏、圆柏、胡桃、梧桐、丝棉木、紫叶李等。

④ 华东地区——杭州市

据调查统计,杭州市区种植行道树树种27个,隶属于20科。以法桐为主,其次是枫杨(*Pterocarya stenoptera*)、无患子(*Sapindus mukorossi*)、樟树和枫香,其他种类有泡桐(*Paulownia fortunei*)、青桐(*Firmiana simpiex*)、银杏、女贞、湿地松(*Pinus elliottii*)、水杉、七叶树、喜树(*Camptotheca acuminata*)、垂柳、桂花、臭椿、朴树(*Celtis tetrandra*)、榆树、苦楝、乌桕、珊瑚朴(*Celtis julianae*)、玉兰、薄壳山核桃、重阳木(*Bischofia polycarpa*)、三角枫(*Acer buergerianum*)、杜英(*Elaeocarpus decipiens*)和乐昌含笑(*Michelia chapensis*)等树种。

⑤ 华中地区——长沙市

主要行道树有樟树、法桐、广玉兰、银杏、英桐(*Platanus acerifolia*)、泡桐、栾树、杜英、合欢等。

⑥ 华南地区——厦门市

据调查统计:厦门市栽培较广的行道树有芒果、洋紫荆(*Bauhinia variegata*)、高山榕(*Ficus altissima*)、大叶榕(*Ficus virens*)、垂叶榕(*Ficus benjamina*)、榕树、加拿利海枣(*Phoenix canariensis*)、王棕(*Roystonea regia*)、假槟榔、凤凰木、盆架子(*Avstonia scholaris*)、天竺桂(*Cinnamomum japonicum*)、乌墨(*Syzygium cumini*)等40多种。

⑦ 西南地区——昆明市

主要应用的行道树种有:紫荆(*Cercis chinensis*)、紫薇、棕榈、樱花、银杏、银桦(*Grevillea robusta*)、雪松、小叶榕(*Ficus microcarpa* var. *pusillifolia*)、樟树、天竺葵(*Pelargonium hortorum*)、圆柏、水杉、枇杷(*Eriobotrya japonica*)、女贞、栾树、龙柏、鸡爪槭、黄槐(*Cassia surattensis*)、桂花、广玉兰、法桐、滇朴(*Celtis kunmingensis*)、柏木(*Cupressus funebris*)、桉树(*Eucalyptus* spp.)等。

2)路侧绿带的种植设计

路侧绿带是指从人行道边缘至道路红线之间的绿化带,是街道绿地的主要组成部分,也是构成道路景观的主要地段，在街道绿地中占有较大的比例(图7-4)。

(1) 路侧绿带的主要类型

① 建筑物与道路红线重合，路侧绿带毗邻建筑布设，也即形成建筑物的基础绿化带。

② 建筑退让红线后留出人行道，路侧绿带位于两条人行道之间。

③ 建筑退让红线后在道路红线外侧留出绿地，路侧绿带与道路红线外侧绿地结合。

图7-4　南京龙蟠路路侧绿带种植设计

(2) 路侧绿带的种植设计

① 道路红线与建筑线重合的路侧绿带设计

a. 应注意绿带的坡度设计，以利于排水。

b. 绿地种植不能影响建筑物的采光和排风。

c. 植物的色彩、质感应互相协调，并与建筑的立面设计形式结合起来，应有相互映衬的作用，在视觉上要有所对比。

d. 如果路侧绿带较窄或地下管线较多时，可用攀缘植物来进行墙面的绿化。

e. 如宽度允许，可以攀缘植物为背景，前面适当配置花灌木、宿根花卉、草坪等，也可将路侧绿带布置为花坛。

② 路侧绿带位于两条人行道之间的种植设计(由建筑退让红线后留出内侧人行道)。

最简洁的种植设计方式就是种植两行遮荫乔木，给行人良好的蔽护作用；如果为了突出建筑的风格与特点，则应适当降低植物的种植高度，并以常绿树、花灌木、绿篱、草坪及地被植物来衬托建筑，布局要明快大方，而不要拘泥于形式，可将植物配置成花境，也可用连续的、有规律的花坛组来美化这一地段。

③ 路侧绿带与道路红线外侧绿地结合(建筑退让红线后，在道路红线外侧留出绿地)。

由于绿带的宽度有所增加，造景形式也更为丰富，一般宽度达到8m就可以设计为开放式绿地。另外，也可与靠街建筑的宅旁绿地、公共建筑前的绿地等相连，统一造景。

3) 街道小游园的种植设计

街道小游园又被称作街头休息绿地、小广场等，是指在城市道路旁供行人短时间休息用的开放性绿地形式(图7-5)。

布置街道小游园可增添城市绿地面积，补充城市绿地的不足，可以形成以小见大的景观效果，并可成为附近居民就近休息和活动的场所。

(1) 街道小游园规划的主要内容

① 小游园内以种植设计为主，可用树丛、树群、树列、花坛、草坪等，使乔灌木、常绿落叶互相配合，有层次，有变化，一般不宜采用单纯片林式或林带式种植。

图7-5　小游园

② 设立若干个出入口，并在出入口规划集散广场，园内设置游步小路，有主次路区别，路形的设计应曲折有致，铺装应富有特色。

③ 配备一定的设施，在条件允许下可设立建筑小品。

(2) 街道小游园的种植设计原则

① 道路与场地在街头小游园中所占的比例：根据国内外一些小游园比例分析，绿地一般都要占到总面积的60%～70%。

② 街道小游园种植设计原则：

a. 树种的选择不宜过多，以2～3种植物为基调树种，其他点缀和装饰性植物可相对丰富。

b. 小游园的植物形式应与整个道路的绿化形式相呼应与统一，不能形成截然不同的唐突效果，某些特殊地段的小游园如道路节点处的小游园，也要符合道路交通安全的标准。

c. 小游园与道路之间不宜形成完全封闭式的隔断，应有一种较为自然的过渡，视线上有一定的连续性。

d. 树种应有一定的抗污染能力，以适应街头的有害气体及烟尘的影响。如果要用抗性较差、但景观效果较好的树种，则应换土种植，且不宜过多。

7.2.3 分车带种植设计

分车带又称隔离带绿地，是用来分隔干道上的上、下行车道和快慢车道的绿带，起着疏导交通和安全隔离的作用(图7-6)。

分车带绿化是道路线性景观及道路环境的重要组成部分，对道路的整体气氛影响最大，如果仅就分车带本身来考虑分车带的绿化，会造成道路景观的无序及凌乱。

分车带种植设计的原则如下：

(1) 分车带种植设计首先要注意保持一定的通透性，不能妨碍司机的视线，在距机动车路面0.9～3.0m的范围内，树冠不能遮挡司机视线。

图7-6　新加坡分车带种植设计

(2) 分车带的种植设计属于动态景观，在形式上力求简洁有序，整齐一致，形成良好的行车视野环境。

(3) 分车带的植物材料选用应充分考虑到分车带的环境特点。

(4) 分车带上种植的乔木，其树干中心至机动车道路缘石外侧距离不宜小于0.75m的规定，主要是从交通安全和树木的种植养护两方面考虑。

(5) 分车绿带应进行适当的分段，以利于行人过街及车辆转向、停靠等，一般以75～100m为宜。

(6) 分车绿带距交通污染源最近，其绿化所起的滤减烟尘、减弱噪声的效果最好。

(7) 道路中间的分车绿带种植设计应注重其功能性与景观性的统一。

(8) 分车带的营建要与环境相结合，在不同的地区，如商业区、行政区、居住区附近都应有所不同，不仅要有环境的美化功能，还应有利于营建和烘托空间的整体气氛。

7.2.4 停车场种植设计

停车场的绿化向来多集中在两个方面：一是可以防尘、防噪声；二是可以保护车辆，免除日晒危害（图7-7）。

停车场作为城市道路景观的一部分，它的规划以及在绿地植物的配置上，已不能孤立地进行考虑，而是应该和周围大的环境特征结合起来，形成统一、和谐的景观面貌，对植物的利用也要更充分地体现出城市美学理念。

图7-7 停车场种植设计

1) 城市停车场规划设计

(1) 车辆停车方式

主要包括：地面、地下、地上立体和机械智能车库停车四种方式。地面停车方式包括：沿道路一侧停车、停车场双向停车。

(2) 停车场的布置

大型公共建筑附近必须设置停车场，其位置应与建筑物位于主干路的同侧，对于大量人流、车辆聚散的公共活动广场、集散广场，宜按分区就近原则，适当分散安排停车场地；对于商业文化街和商业步行街，可结合场地条件，适当集中安排停车场地。

2) 停车场的种植设计

停车场的种植设计原则：

(1) 停车场的植物绿化，应根据停车场的总体规划、设置规模、停车形式来确定绿化用地与绿化形式。

(2) 停车场的树种选择要根据绿化形式进行。

(3) 停车场的绿化应有助于汽车的集散、人车分离，以提高安全性能。

(4) 停车场的植物绿化应考虑周围设施的设置位置与目的，应不妨碍夜间照明以及各种指示牌或信息栏的阅读。

7.2.5 交通岛种植设计

交通岛在城市道路中主要起着疏导与指挥交通的作用，是为了会车、控制车流行驶路线、约束车道、限制车速和装饰街道而设置在道路交叉口范围内的岛屿状构造物。一般包括中心岛（又称转盘）、导向岛、安全岛等形式（图7-8）。

中心岛不宜密植乔木或大灌木，以保持行车视线通透。应做到图案简洁、曲线优美、色彩明快，不宜过于繁复华丽，以免分散驾驶员的视力及行人停滞观赏而影响交通。

在居住区道路，人、车流量较小的地段，可采用小游园的形式布置中心岛，增加居民的活动场所。

图7-8 南京中心岛种植设计

中心岛的种植设计形式通常以嵌花草皮花坛为主或以低矮的常绿灌木组成简单的图案花坛，切忌采用乔木或大灌木影响视线，也可布置些修剪成形的小灌木丛。主干道处的中心绿岛根据情况可结合雕塑、市标、立体花坛等营建成为城市景点，但在高度上要控制。

7.2.6 交叉路口种植设计

交叉路口是指道路的交会处，在城市道路系统中一般以两种形式出现，即平面式交叉路口及立体交叉路口（图7-9）。

1）平面交叉路口的种植设计

根据道路的数量与交结的角度和方位，展现着不同的形式，一般来说可分为T形路口、Y形路口、十字形路口以及在它们基础上的各种变体。

（1）T形交叉路口的绿化：此种交叉路口的绿

图7-9　大连交叉路口种植设计

化关键是底景的营造，可以通过树丛、绿篱的搭配来形成引入注目的屏障式道路景观，也可以与雕像、水景、休息座椅等结合来营造富有情趣的小品景观。

（2）Y形交叉路口的绿化：在路口可以通过低矮的花坛起到暗示或强调的作用，并可保持三角形视距的通透。

（3）十字形交叉路口的绿化：采用规则式花坛来进行路口的美化，并与街心交通岛或路口中心花园形成整体的统一景观。

2）立体交叉路口的种植设计

（1）种植设计应与立体交叉的交通功能紧密结合。

（2）立体交叉路口的种植设计形式与邻近城市道路的绿化风格应该相协调，但又应各有特色，形成不同的景观特质，以产生一定的识别性和地区性标志。

（3）立体交叉路口的绿地布置应简洁明快，以大色块、大图案来营造出大气势，满足移动视觉的欣赏，尤其在较大的绿岛，应避免过于琐碎、精细的设计。

（4）立体交叉路口的种植设计不是孤立的、臆想式的，而应该与其周边环境密切结合。

（5）绿地的植物需进行立体空间绿化，植物的造景形式，树种的选择运用，都应与突出立交桥的宏大气势相一致。

（6）种植设计应充分考虑其景观性与功能性的结合。

（7）树种以乡土树种为主，并具有较好的抗性，以适应较为粗放的管理。

7.3　高速公路种植设计

高速公路中适宜的绿化造景，不但可以保护路基和沿线公路设施，而且可大大改善高速公路沿线的生态环境和景观质量，这对解除司机及旅客的疲劳、减少事故的发生、提高安全行车的效率起着重要的作用。

国外很多高速公路两侧的景观环境都经过了精心的设计，体现着一种优美、自然的韵致，形成动人的流动风景线。

7.3.1 高速公路的绿化要求与种植设计原则

(1) 高速公路与建筑物之间，用较宽的绿带隔开，宽度不低于 4m。

(2) 在穿越城市时，为了防止噪声及烟尘对环境的影响，一般在干道两侧留出 20～30m 的安全防护地带，采用乔、灌、草的复式绿化造景。

(3) 高速公路每 100km 以上时，要设休息站，绿化要结合休息站设施进行，灵活运用林带、花坛、草坪等进行造景，给人一个放松、舒适的空间。

(4) 高速公路上绿化植物的种植应注重整体的美感，配置讲究简单明快，要根据车辆的行车速度及视觉特性确定变化的节奏。

(5) 高速公路选择树种时要尽量采用一些常绿、抗性较好、生长量小、低维护、少修剪的种类；草皮也应为绿期长、免修剪、耐性好的品种。

(6) 高速公路交叉口的 150m 以内以及汇车弯道处不宜栽植乔木，并且植物的栽植不能影响到交通标志的明示作用。

(7) 在环境及生态条件较好的地段，如城郊及乡镇等地方，高速公路的绿化也可以和苗木培育、用材林的生产相挂钩，发挥其经济效益。也可与农田防护林紧密结合。

7.3.2 高速公路绿地生态特点

(1) 高速公路里程较长，具有很强的地域性生态特点。

(2) 高速公路一般土方量都较大，使得路旁表土缺乏，土质条件差、变化大。

(3) 边坡小气候复杂，限制因子多。

(4) 边坡陡峭，施工难度大。

(5) 公路污染情况严重，尤其汽车尾气和铅的排放，不仅对周围环境造成污染，也影响边坡植被的生长。

7.3.3 高速公路绿地种植设计的类型及作用

(1) 视线引导性植物种植：这是一种通过绿地植物种植来预告道路线形的变化或强调这种变化，以提醒司机进行安全操作的一种植物种植方式。它包括平面上曲线的转弯方向提示和纵断面上的线形变化。

(2) 遮光植物种植：也称防眩种植，主要用于中央分车绿化带上，以减弱夜间车辆行驶时对相向行驶车辆的灯光干扰。

(3) 适应明暗变化的栽植：这种植物种植用在汽车进入隧道时光线产生明暗急剧变化的地段，眼睛瞬间不能适应，看不清前方。

(4) 缓冲种植：为了在汽车肇事时缓和冲击、减轻事故的一种种植手法。理想的防护栅，是能吸收车辆的运动能量，以使车体逐渐减速以至停车。车辆撞到高大树木时，冲击很大，可是，当撞到有弹性的、有强枝条的、又宽又厚的低树时，虽然树可能被撞倒，但车体和司机可免于遭到巨大损伤。

根据美国康涅狄格州的公路局实验报告，种植两排间隔为 120cm 的野蔷薇，经过 5 年后，高度成为 150cm。如从 5°角冲入时速为 64km 的汽车，当超越野蔷薇灌丛时，时速可减为 8km，司机和车体均无损伤。

(5) 保护种植：挖土或堆土而成的人工斜面叫坡面。如果坡面一直处于裸露状态，便会因长期受到雨水的冲击和洗刷而浸蚀。此外，由于霜柱和冻土使表层隆起，待冰霜消融后，土层就随之崩落。若为岩石层时，当淋入空隙内的雨水冻结以后，因其膨胀力而破碎，发生落石现象。为了防止坡面的浸蚀和风化，必需用植物或人工材料覆盖坡面，这就叫做坡面保护种植。坡面上的植物群落有防止坡面冲刷的作用，又可缓和地表温度，有防止冰冻的效果。

坡面保护种植中，用短草保护坡面的工作叫做植草。裸露的坡面，缺乏土粒子间的粘结性能，如任凭植物自然生长就很慢。植草就是人为地、强制性地一次栽好植物群落，以使坡面迅速覆盖上植物。另外，为了使坡面和周围成为整体，最好在坡面上也种植树木。在坡面上植树，最好使用比草高的树苗，并在不使坡面坍塌的程度内，在根的周围挖坡度平缓的蓄水沟。自然播种生长起来的高树，因为根扎得深，即使在很陡的坡面上也很少发生被风吹倒的现象。可是，直接栽植的高树，因为在树坑附近根系扎得不深，所以比较容易被风吹倒。为了防止这种现象，必须设置支柱，充分配备坡度平缓的蓄水沟。

7.3.4 高速公路的绿化区域分类及造景技术
1) 护坡及隔离栅的植物景观营造

对于保证车辆快速行驶的高速公路，单纯以静的环境保护的思想去进行护坡绿化是不够的，还要考虑司机的安全驾驶及乘客的视景，考虑到内部景观的重要性。如果护坡的处理方法（包括护坡的形状）不好，司机的行驶中就可能在视觉、听觉上产生危险感，给心理带来压力。从这种意义讲，护坡的形状要尽可能与周围景观相协调，并通过植物配置，达到与环境的自然过渡。在种植开始阶段，为尽快达到效果，可适当引进一些生长迅速的外来草种。后期护坡稳定和沉实、土壤肥力增加后，逐渐应用当地品种，达到稳定的绿化效果并与当地环境和谐自然。对于原有的自然植被，在不妨碍种植目的、护坡稳定和行驶功能时，应予以保留。

护坡按形成方式不同，可分为两种类型，一种是由填方而形成，主要由大量的外来土形成坡面，土壤质地不一，肥力相差很大。植物营造方法由不同坡地的高度和土质所决定，如对于高填方的护坡，可种植草坪或编篱栽植，以保护覆土不致滑落。另一种是由于挖方而形成的护坡，它破坏了土壤表层及植被，形成坡面的土层薄，植物不易生长。可以在坡脚用种植槽，种植攀缘植物，如五叶地锦、三叶地锦等，覆盖护坡。具体营造方法如下：

(1) 挖方地段护坡绿化

挖方造成了视线上的约束，但克服了单调感后，容易与环境协调，对自然的破坏在感官上不明显。可是对于司机来说，高大的挖方容易产生行驶在峡谷里的感觉，因此在植物景观营造时，护坡顶部采用低矮树种或下垂植物，如连翘、迎春等，并且尽可能使用攀缘植物绿化护坡。对于黏土质地段，由于上层较厚，可结合砌石或砂浆喷播工程，撒播草种为先锋种；对于沙土质地段，要采用砌石工程防止滑坡现象，可在墙面上覆以蔓性植物，在碎落台上设置花槽进行栽植，并于顶部种植低矮灌木和草皮，减缓雨水冲刷（图 7-10）。

(2) 填方地段护坡绿化

填方使线路抬高，与原环境分离出来，割断了与原有环境的联系，因此绿化的主要目的是减少对自然的破坏，使道路与自然达到和谐(图7-11)。

图7-10　连徐高速填方地段护坡种植马尼拉　　　图7-11　宁杭高速挖方地段护坡穴植竹子

① 高填方地段：高度一般在4m以上。由于坡度较大，坡面较长，在种植时，就选用生长和固土能力强的植被进行绿化，并结合必要的水土保持工程，如连续网格工程，或采用弓形骨架护坡。由于高填方段多在高速公路上或远距离的公路外进行观察，要求绿化种植所采用的图案单元比例较大，并且随着护坡高度的降低进行缓慢的过渡。

② 中填方地段：坡面种植草皮，坡顶栽植灌木防止冲刷，坡底的边脚种植蔓性植被。

③ 低填方地段：是在平坦路段的基础上填方，高度在2m以下。种植先锋树种，栽植固氮类的草本和木本植物，如鸡眼草、直立黄芪、紫穗槐等。并注意栽植当地常见草种，与周围环境相一致。

(3) 边沟绿化

沿道路两侧边植树是公路最早的造景方式，也是改善道路环境最有效的方法。在平原地区由于地形变化很小，植物会减轻由于地形造成的路线单调感。另外，沿道路两侧与道路线性一致的绿化，还能加强线性特征，增加道路的方向性。在一些平面弯道，道路交叉和凸形竖曲线的顶部，种植高大的乔木对视线诱导有良好的作用，从而增加行车安全性。植物种植要疏密相间，有的地段形成屏蔽，收敛视线。树种选用就以乡土树种为主，并注意抗性、观赏性及季相变化等因素。在边沟处地面上种植草皮，以保持水土，防止阻塞边沟。对于防护网，可以采用攀缘植物加以绿化，如蔷薇类、凌霄、扶芳藤等(图7-12)。

(4) 隔离栅绿化

在高速公路的路界内侧，需要设置禁入护栏，防止人及动物自由穿越。目前国内高速公路的禁入护栏，多采用水泥桩刺钢丝构件，既有损道路景观，又与生态环境格格不入。采用刺篱的形式代替钢丝网，是高速公路隔离栅的发展趋势。树种选择要求耐贫瘠、抗性强、分枝密；枝上刺密度大、硬度强；以常绿为主，枝叶繁茂；有可赏花或果的更佳。可选树种有枸橘、枸骨、火棘、马甲子

(*Paliurus ramosissimus*)、酸橙(*Citrus aurantium*)等(图7-13)。

图7-12　宁杭高速边沟绿化(杜英林+硫华菊)

图7-13　隔离栅绿化

2) 中央分隔带的植物景观营造

高速公路中央栽植绿色隔离带，可以缓解司机紧张的心理，增加行车安全。绿化带越宽，这种作用越强。分隔带的主要目的之一是防眩目。因此在进行植物配置时，色彩应随植物的高度变化，形成高低错落的层次。高的植物起到防眩作用，低的植物在色彩和高度上与高层植物形成对比，组成道路中部的风景线。考虑到中央分隔带设有护栏、道牙等，基部的土壤条件恶劣，在植物的选用上要用耐贫瘠且抗逆性强的植物(图7-14、图7-15)。具体而言，可分两种模式：

图7-14　宁杭高速中央分隔带种植设计(一)

图7-15　宁杭高速中央分隔带种植设计(二)

①平坦地段绿化模式。在高速公路中用途最广，一般设计成较低矮的景观，要设计出有变化的大色带，如可用洒金千头柏、紫叶小檗、金叶女贞组成相互交错的彩色景观，消除行车的枯燥感。②竖曲线地段绿化模式。该段的绿化多考虑的是引导视线和防止眩目。由于在竖向上处于底部或顶部位置处，夜间行车时感受眩光的位置与平坦路段不同，因此在种植高度上要比一般路段有所增加，多采用圆锥形树形的植物(如雪松、圆柏等)，在接近凸形曲线的顶部种植高度要高一些，高度从底部向上形成自然的增加。在凸形曲线和平曲线相交的地段，中央分隔带的种植要有明显的变化，以提示前方路线的变化。

3) 锥坡的植物景观营造

在公路与其他道路相交时，相交部位往往做成圆弧状的护坡，以增大承载力及缓和视觉上生硬的感觉。传统的锥坡做法多是用人工砌石砌筑，易给人枯燥单调之感。而进入崇尚自然和保护自然景观的年代之后，在保证结构稳定和保持水土的前提下，人们开始注意用植物材料代替人工土石工程，增加美观，使其本身成为一道风景线。锥坡在植物景观营造时就以低矮的草本植物为主，以保持空间的开敞，另外绿化形式要与护坡绿化和谐统一(图 7-16)。锥坡绿化可用以下三种形式：

(1) 图案式锥坡：利用新兴建材的色彩以及彩叶植物，在坡体上做出各种图案，图案可以采用一些主题性的素材。

(2) 花台式锥坡：借鉴园林上应用花台，在其上栽植观赏植物，同时顶部种植下垂植物，在立面上形成层次，柔化其生硬的感觉。

图 7-16　锥坡种植设计

(3) 台阶式锥坡：把锥坡的单一坡度改造成台阶样式，在台阶上种植植物，增加水平方向的线条，使立面上和进深上富有层次感。

4) 立交区的植物景观营造

高速公路立交区植物配置时要强调两个方面的目的：一是有利于司机辨认道路的走向；二是有利于美化环境，衬托桥梁的造型(图 7-17、图 7-18)。

图 7-17　宁杭高速立交区种植设计(一)

图 7-18　宁杭高速立交区种植设计(二)

景观营造时首先要衬托立交平面优美的图形，应以植被或低矮灌木为主，高大的植物会遮挡司机的视线。在匝道进出口等处，还应有指示性种植引导视线等。立交周围的景观应与其本身的绿化有机联系在一起。

在建筑形式不同的各种交叉口，驾驶员通过时要能很快辨认出分流、合流、横穿等标识。速度越快，越需要迅速地辨认出来。要达到这一目的，就要充分利用路旁的垂直要素，可在立交区不同的种植空地上，根据车流的方向而采取不同的引导树种标明性种植。

在匝道进出口处，应根据视线诱导和指示的需要，栽植大密度的树种，在心理和视线上对司机行车方向进行诱导。

在地下水位较高的地段，由于立交区中的中部挖方取土筑成匝道，故地势较低，故可因地制宜，在区内"挖池堆山"，形成自然的地形，自然式的种植植物，水既可用来浇灌植被，又可以改善立交区景观，但整个植物配置和水池造型简洁、大方。立交区的外围，通过植物高低搭配，与整个环境协调。

分离式立交区占地较少，形成的绿化空间也小，绿化要以低矮的灌木为主。根据行车的合分，种植引导植物。立交区中每块绿地的整体面积较大,要根据排水沟渠的位置,依地形变化方式,进行微地形处理,以利于排水。

5) 服务区的植物景观营造

服务区是为了满足司机和乘客的活动、休息、维修、加油等目的而设。要满足呼吸新鲜空气、活动身体、欣赏风景、提供休息等多种功能。为此在其空间构成上要设置过境道路和存车区之间的分隔带(宽度不小于5m),整个服务区的环境要优美(图7-19、图7-20)。

图7-19 宁杭高速东庐山服务区种植设计　　图7-20 南京机场高速翠屏山服务区种植设计

服务区应根据不同的服务内容而进行与服务功能相一致的植物配置。加油区周围要通透,便于驾驶员识别,在种植上选用低矮灌木和草本宿根花卉,这些植物要具有抗性,不易燃。停车场的绿化应以形成荫凉的环境为基调,种植高大的乔木为主。休息室外的空地,种植高大的观赏庭荫树,并且设置花坛和小品、水池,可以让人们在其中游憩、散步。根据面积大小,采用自然式或规则式绿化。地面铺装以绿为主,可以做成有承载力的草地,如碎石草地、混凝土框格草地等。

7.4 城市广场的植物种植设计

广场一般是指由建筑物、道路和绿化地带等围合或限定形成的开敞的公共活动空间,是人们日常生活和进行社会活动不可缺少的场所。它可组织集会,供交通集散,也可成为车流、人流的交通枢纽或居民游览休息和组织商业贸易交流的地方。居民在广场空间中进行交流,开舞会等各种各样的活动。现代人所追求的交往性、娱乐性、参与性、文化性、多样性与广场所具有的多功能、多景观、多活动、多信息、大容量的作用相吻合。所以,人们对广场的期待越来越高,广场的吸引力和魅力也越来越大。

7.4.1 城市广场的类型及特点

城市广场包括的类型是比较多的,用不同的分类方法可划分为不同的广场类型。

1) 根据广场的使用功能分类

(1) 集会性广场

包括政治广场、市政广场和宗教广场等类型(图7-21)。

集会性广场一般都位于城市中心地区,用于政治、文化集会、庆典、游行、检阅、礼仪、传统民间节日活动等。

(2) 纪念广场

主要是为纪念某些人或某些事件的广场。它包括纪念广场、陵园广场、陵墓广场等。在纪念广场中心或旁边通常都设置突出的纪念雕塑。如以纪念碑、纪念塔、纪念性建筑等作为标志物，其布局及形式应满足纪念气氛及象征的要求，整个广场庄严、肃穆（图7-22）。

图7-21 天安门广场（集会性广场）

图7-22 南京中山陵（纪念性广场）

(3) 商业广场

包括集市广场、购物广场。主要进行集市贸易和购物活动，或者以商业中心区与室内结合的方式把室内商场与露天、半露天市场结合在一起。现代商业广场大多采用步行街的方式布置，使商业活动区集中，既便于购物，又可避免人流与车流的交叉，同时可供人们休息、交友、餐饮等使用（图7-23）。

(4) 交通广场

包括站前广场和道路交通广场。它是城市交通系统的有机组成部分，起到交通、集散、联系、过渡及停车作用，并合理地组织交通。交通广场是人流集散较多的地方，如火车站、飞机场、码头等站前广场，以及剧院、体育场、展览馆、饭店等大型公共建筑物前的广场等。同时也是交通连接的场所，在设计时应考虑到人流与车流的分隔，尽量避免车流对人流的干扰（图7-24）。

图7-23 商业广场

图7-24 交通广场

(5) 文化娱乐休闲广场

文化娱乐休闲广场是广大居民喜爱的、重要的户外活动场所，它可以有效地丰富人们的业余生活，缓解精神压力和身体疲劳。这类广场的形式不拘一格，设施比较齐全。常配置一些可供停留的凳椅、台阶、坡地，可供观赏的花草、树木、喷水池、雕塑小品，可供活动与交往的空地、亭台、棚廊等。包括花园广场、水边广场、文化广场等（图 7-25）。

2）根据广场的大小分类

（1）大型中心广场

指国家性政治广场、市政广场，主要用于国务活动、检阅、集会、联欢等大型活动。

（2）小型休息广场

指街区休闲广场、庭院式广场等，主要供居民茶余饭后休息、活动、交往等，一般面积较小，但环境优雅，适宜人停留。

图 7-25　上海徐家汇休闲广场

3）根据广场的材料组成分类

（1）以硬质材料为主的广场

以混凝土及各种铺地砖等硬质材料作广场主要铺装材料。这种广场比较经久耐用，但广场环境较差，缺乏观赏性。

（2）以绿化材料为主的广场

以花草树木等植物材料为主构成的广场，如公园广场、草坪广场等。这类广场的生态环境较好，比较具有观赏性。

（3）以水质材料为主的广场

如喷泉广场、水景广场等。将水的各种景观引入广场，使广场具有流动与变幻的美感。

7.4.2　城市广场绿化

1）城市广场绿化的功能

城市广场绿化是城市广场设计中不可缺少的一环，具有重要的作用。

（1）改善广场的环境条件

广场绿化可以调节温度、湿度，吸收烟尘，降低噪声，减少太阳辐射等。

（2）美化广场的环境

根据广场的性质、使用要求等，在大自然中选择适宜的植物材料，经过科学配置和艺术加工，创造出丰富的广场绿地景观。

（3）协助广场功能的实现

不同的广场具有不同的功能要求。如果植物配置合理得当，不仅能够给广场增添美景，在很大程度上还可以协助广场实现其他的功能。

2）城市广场绿化的设计手法

（1）铺设草坪

是广场绿化设计运用最普遍的手法之一，它可以在较短的时间内较好地实现绿化目的。

广场草坪是用多年生矮小的草本植物进行密植，经修剪形成平整的人工草地。一般布置在广场的辅助性空地，供观赏、游戏之用，也有用草坪作广场的主景的。草坪空间具有视野开阔的特点，可以增加景深和层次，并能充分衬托广场形态美感（图 7-26）。

广场草坪选用的草本植物要具有个体小、枝叶紧密、生长快、耐修剪、适应性强、易成活等特点，常用的有：野牛草、早熟禾(*Poa annua*)、剪股颖(*Agrostis* spp.)、黑麦草(*Lolium* spp.)、假俭草(*Eremochloa ophiuroides*)、地毯草(*Axonopus compressus*)等。

(2) 广场花坛、花池

是广场绿化的造景要素，可以给广场的平面、立面形态增加变化。花坛、花池的形状要根据广场的整体形式来安排，常见的形式有花带、花台、花钵及花坛组合等。其布置位置灵活多变，可放在广场中心，也可布置在广场边缘、四周，可根据具体情况具体安排(图7-27)。

图7-26 上海人民广场

图7-27 南京雨花广场

(3) 广场花架

一般用于非政治性广场。多设在小型休闲娱乐广场的边缘。在广场中起点缀作用，同时也可以利用花架进行空间组合，为居民提供休息、乘凉的场所(图7-28)。

3) 不同类型广场的绿化要点

不同类型的广场由于其使用特点、功能要求、环境因子各不相同，因而在进行绿化时，要根据不同的广场有所侧重。

图7-28 广场花架

(1) 集会性广场

一般都和政治性的活动联系在一起，具有一定的政治意义，因而绿化要求严整、雄伟，多采用对称式的布局。在主席台、观礼台的周围，可重点布置常绿树，节日时可点缀花卉，如我国的天安门广场。如果集会性广场的背景是大型建筑，如政府和议会大厦，则广场应很好地衬托建筑立面，丰富城市面貌。在不影响人流活动的情况下，广场上可设置花坛、草坪等。但在建筑前不宜种植高大乔木。在建筑两旁，可点缀庭荫树，不使广场过于暴晒。

(2) 纪念性广场

纪念性广场是为了表现某一纪念性建筑、纪念碑、纪念塔等而设立的广场，因而植物配置上也应当以烘托纪念性的气氛为主。植物种类不宜过于繁杂，而以某种植物重复出现为好，达到强化的目的。在布置形式上也应采用规整式，使整个广场有章可循。具体树种以常绿类为最佳，象征着永垂不朽、流芳百世。

(3) 交通广场

交通广场主要为组织交通，也可装饰街景。在种植设计上，必须服从交通安全的需要，能有效地疏导车辆和行人。面积较小的广场可采用草坪、花坛为主的封闭式布置，植株要求矮小，不影响驾驶人员的视线；面积较大的广场可用树丛、灌木和绿篱组成不同形式的优美空间，但在车辆转弯处，不宜用过高、过密的树丛和过于艳丽的花卉，以免分散司机的注意力。

(4) 文化娱乐休闲广场

这类广场是为居民提供一个娱乐休闲的场所，体现公众的参与性，因而在广场绿化上可根据广场自身的特点进行植物配置，表现广场的风格，使广场在植物景观上具有可识别性。同时要善于运用植物材料来划分组织空间，使不同的人群都有适宜的活动场所，避免相互干扰。选择植物材料时，可在满足植物生态要求的前提下，根据景观需要去进行，若想创造一个热闹欢乐的氛围，则不妨以开花植物组成盛花花坛或花丛；若想闹中取静，则可以倚靠某一角落，设立花架，种植枝繁叶茂的藤本植物。在配置形式上，没有特殊的要求，根据环境、地形、景观特点合理安排。总之，文化娱乐休闲广场的植物配置是比较灵活自然的，最能够发挥植物材料的美妙之处。

(5) 小型休息广场

这类广场面积较小，地形较简单，因而无需用太多的植物材料作复杂的配置。在选择植物时充分考虑具体的环境条件，让植物和现有的景观有机结合，用最少的花费创造最优美的景观。从植物种类到布置形式都要采取少而精的原则。

(6) 铺装广场

铺装广场主要表现各种硬质铺装材料的图形、色彩、质地等。由于有大面积的硬质铺装，广场的土壤条件较差，地表温度很高，反射至植物材料上，对植物炙烤得比较厉害，因而在选择植物材料时，要选择那些有一定的耐热性、耐高温，同时又能适应较大昼夜温差的树种，合理布置，为铺装广场增添一些绿色景观。

(7) 水体广场

水体广场周围的植物配置宜选用耐水喜湿的种类（参看水生植物园），在有美丽倒影的水面，不宜密植水生植物，要让水中的美景充分地显露出来。

另外，还有一类特殊的广场，即停车场。随着城市中各种车辆的日益增多，出现了越来越多的停车场，对城市的景观也有很大影响。现代的停车场不仅仅只为了满足停车的需要，还应对其绿化、美化，让它变成一道美丽的景致。较常采用的绿化方法是种植庭荫树，铺设草坪或嵌草铺装。要求草种要非常耐践踏，耐碾压。如果是地下停车场，其上部可以用来建造花园。

7.4.3 广场绿化应注意的问题

(1) 避免人流穿行和践踏绿地，在有大量人流经过的地方不布置绿化，必要时设置栏杆，禁止行人穿过。

(2) 树木种植的位置要与地下管线和地上杆线配合好，在种植设计前要按照远近要求定出具体尺寸。最重要的是热力管线，一定要按规定的距离设计。

(3) 最好能选用大规格苗木。广场是人流集中的地方，应很快形成广场的完整面貌。

(4) 花草树木要和道路、路灯、座椅、栏杆、垃圾箱等市政设施很好地配合，最好是一次性施工完成，并能统一设计。

第8章　城市公园的种植设计

8.1　概述

城市公园是园林中的一大类型，是专供城市居民游览、休憩、观赏的绿地，并具有美化城市面貌、改善环境质量的作用，是体现一个城市园林水平、艺术水平的窗口，也是衡量现代化城市建设水平和当地社会生活、精神文明的标志。

一个好的城市公园，内容丰富，景观优美，使人游之流连忘返。公园的艺术水平主要由景观来体现。其景观是由植物、建筑、山石、水体、园路等组成，是园林艺术的综合反映。在公园景观中，唯有种植设计是由有生命的活体观赏植物组成的景观。园林观赏植物的季相变化、丰富色彩、优美姿态、生长发育，不但具有美感效应的观赏作用，而且具有改善环境的生态效益，是建设现代化生态城市的基础。

种植设计是以植物的个体美或群体美来创造各种景观的，包括利用、整理和修饰原有的自然植被以及对单株或植物组合进行修剪整形。种植设计是以植物配置为基础的艺术创作，是当前建立城市生态系统的重要组成部分。

种植设计是通过造景植物来实现的，而植物造景则是由具有观赏价值的园林树木、花卉、草坪等组成。园林树木包括落叶乔木、灌木，常绿乔木、灌木以及常绿和落叶的藤本植物、竹类等；花卉分为一年生、多年生、球根、宿根、水生等多种；草坪分为暖季型和冷季型两类。

公园的种植设计按照公园的性质和规划要求，分为规则式、自然式和混合式三种类型。

8.1.1　规则式种植设计

多为几何图案形式，主要特点是有明显的中轴线，景物呈对称或拟对称布置，园地划分大都为几何形体。树木配置以等距离行列式、对称式为主，树木修剪整形多用绿篱、绿墙等规则形式。花卉布置以图案式模纹花坛和连续花坛群为主。规则式种植设计形式体现一种整齐、壮观、开朗、庄严的气氛，多用于纪念性园林、皇家园林，如烈士公园、陵园、法国凡尔赛宫等（图8-1）。

8.1.2　自然式种植设计

为不规则、风景林式，植物配置力求反映自然植物群落中高低错落自然之美，树木栽植不成行成列、不等距，以孤植、丛植、群植、林植等自然式为主。自然式种植设计多体现自然、流畅、轻松、活泼的气氛，多用于休闲性公园，如综合性公园、儿童公园、植物园等（图8-2）。

图 8-1 纪念性园林景观(南京雨花台)

图 8-2 杭州太子湾公园自然式种植

8.1.3 混合式种植设计

为规则式和自然式种植设计的交错组合,多采用局部为规则式而大部分为自然式的植物配置形式。这种种植设计的形式使得规划灵活、园林景观丰富多彩,是公园种植设计常用的一种形式。如北京颐和园的仁寿殿为严整的规则式,其余则为自然山水园的形式,总体是混合式种植设计。

8.2 综合性公园的植物种植设计

综合性公园是一个国家和地区城市园林绿地系统的重要组成部分,是城市文明程度的标志。它不仅为市民提供广阔的绿地空间,而且提供人们交往、游憩、运动、娱乐的设施,是城市居民日常文化生活不可缺少的一项重要内容(图 8-3)。

真正接近现代公园思路去构想并建设的第一座综合性公园是美国纽约中央公园。它由美国著名的风景园林设计师奥姆斯特德于 1853 年设计,全园面积 340hm^2,以田园风景、自然布置为特色,成为纽约市民游憩、娱乐的理想去处,也为近代公园绿地系统的发展奠定了基础。继纽约中央

图 8-3 英国 Regent's Garden

公园之后,世界各地的综合性公园在短短的一个多世纪里先后落成,如德国柏林的特列普托夫公园、英国伦敦的利奇蒙德公园、莫斯科的高尔基中央文化公园、美国亚特兰大中心公园、中国的陶然亭公园和越秀公园、澳大利亚堪培拉联邦公园、朝鲜的平壤城市公园、韩国的奥林匹克公园等。

8.2.1 综合性公园的类型

根据我国的分类标准,综合性公园在城市中按其服务范围可分为两类:

1)市级公园

服务对象为全市居民,其全市公园绿地中面积较大、活动内容丰富和设施最完善的园地。用地面积随全市居民总人数的多少而不同,在中、小城市设 1~2 处。其服务半径约 2~3km,步行约 30~50min 可达,乘坐公共交通工具约 10~20min 可达。

2）区级公园

在较大的城市中，服务对象是一个行政区的居民，其用地属全市性公园绿地的一部分。区级公园的面积按该区居民的人数而定，园内应有较丰富的内容和设施。一般在城市各区分别设置 1~2 处，其服务半径约 1~1.5km，步行约 15~25min 可达，乘坐公共交通工具约 10~15min 可达。

8.2.2 综合性公园的植物景观营造原则

综合性公园的植物景观营造，必须从其综合的功能要求、全国的环境质量要求、游人活动休憩的要求出发，既要保证良好的环境生态效益，又要达到艺术美与自然美的和谐统一。其指导原则为：

1）符合生态园林的思路

图 8-4 英国 Regent's Garden 稳定的生态群落

随着科技的飞速发展，人们日益面临着工业化和城市化所带来的生存环境危机。这客观上要求园林设计师在进行公园营造时，必须具有生态园林的思想，把公园作为一个能为人们提供市区环境良性循环的场所，作为城市的绿色之"肺"。在植物配植时要建立科学的人工种植的群落结构、时间结构、空间结构和食物链结构，充分利用绿色植物，将太阳能转化为化学能，提高太阳能的利用率和生物能的转化率，调节生态平衡。因此，仅仅要求"黄土不露天"的传统观念已经不够了，现代公园的营造目的是在与其他功能不矛盾的情况下，如何建立稳定的、层间各类较复杂的人工群落，以满足整个城市"呼吸"的需要(图 8-4)。

2）满足人们游憩的需要

综合性公园作为城市公共绿地的一个重要组成部分，其主要功能之一就是满足市民业余时间游憩的要求。在植物营造时，要使空间有开有合，种植设计有疏有密。开阔的空间易于人们谈心、交流，以及开展一些集体性的娱乐活动；郁闭的场合则利于人们独处、静思，享受工作之余的片刻安宁。另外，对于园路、服务设施周围等，要以能否满足人们游憩的需要为标准进行植物配植（图 8-5、图 8-6）。

图 8-5 英国 Kensington 公园 开阔的大草坪

图 8-6 英国 St. Johns wood church ground 静谧的休憩空间

3）运用园林美学原理

园林植物景观营造从本质上说是把园林植物及山石、小品等作为元素，运用美学原理而进行的一种创造性活动。综合性公园的植物景观营造也不例外，它必须同园林美学相一致。园林美主要包括单体美和群体美两个方面，所谓单体美是指园林植物作为一种活的景观元素，有其枝、叶、花、果、姿态、色彩等美学特征，植物配植时必须尽可能地发挥出这些作用，向人们展示其美的一面。

所谓群体美是指不同的园林植物按高低、大小不同，依本身生态习性而错落有致地配植在一起，会产生单体所不能替代的美学效果。这种群体美不仅表现为一个季节的群体美，同时也表现出四季分明的群体美。

4）满足各功能区的需要

综合性公园一般分成文化娱乐区、安静休息区、体育活动区等不同的功能区，以满足各年龄层次城市居民的需要。因各区的服务对象和功能各异，故在植物景观营造时要区别对待，分别考虑，以保证充分发挥各区功能为目的，精心选择一些植物材料，科学合理地进行配植。

5）全园风格协调统一

综合性公园的植物景观营造应该有一个主题，来支配、统一全园的植物配植。保证这个统一性对确定造园风格是很重要的。一般而言，园林可分为规则式和自然式两种。要营造自然式风格的公园，就要选用易突出大自然风景的景观营造方式。反之，则要采取表现人类征服自然的规则造园方式。但是，由于综合性公园的内容丰富，分区很多，各区之间的布局方式需要有一定差异。在这种情况下，考虑统一性尤其重要，否则，很有可能造成杂乱之感。当然这种变化中有统一的要求，在植物配植时可通过基调树种的运用来满足实现，并注意各区与全园之间在景观上的合理过渡。

8.2.3 公园出入口规划与植物景观营造

综合性公园的出入口一般包括主要入口、次要入口和专用入口三种，主要入口是为迎接大量游人而设，应朝向人流最多的城市主干道或广场，并与园中主要干道广场或构图中心的建筑相联系。主入口又是大量游人集散之处，因此，在入口外多设有园外和园内的集散广场，附近还需设必要服务建筑及设施，如售票处、存车处、停车场等。次要入口是供附近市民或小批量游人所用，对主要入口起辅助作用，便于附近游人进入园中，一般设在游人流量较小但邻街的地方。专用入口有两种，一种是专供园内管理的工作人员上下班而设立的专用入口，另一种是在运动区等游人短时间内集聚较多的地方设置的专用入口。

出入口的植物景观营造主要是为了更好地突出、装饰、美化出入口，使公园在入口处就能引人入胜，能向游人展示其特色或造园风格。从景观处理上，大致有两种类型：

一类是出入口内外有较开阔的空间，园门建筑比较现代、高大。这时采用花坛、花境、花钵或灌丛为主，意在突出园门的高大或华丽，如韩国奥林匹克国家公园的出入口，香港公园的出入口等。

另一类出入口的内外空间较狭小，多属于规模较小的综合性公园的出入口或公园的次要入口，园门的建筑风格多为仿石式建筑。出入口的景观营造以高大的乔木为主，配以美丽的观花、观叶灌木或草花，以营造出一个较为郁密、优雅的小环境，如香港动植物园的入口处，指示牌竖立于色彩变化的林丛边沿，带给游人清新、幽静之感。

8.2.4 各功能区规划与植物景观营造

1) 文化娱乐区

文化娱乐区是公园的功能区之一，它使游人通过游玩的方式进行文化教育和娱乐活动。其设施主要有展览馆、展览画廊、文娱室、音乐厅、露天剧场等。

文化娱乐区建筑设施较多，常位于全园的中部，是全园的布局重点。布置时要注意避免区内各项活动之间的相互干扰，要把人流量较多的大型娱乐项目安排在交通便利之处，以便快速集散游人。文化娱乐区的艺术风格要与城市面貌比较接近，可以成为规则的城市面貌与自然的安静休息区的过渡，故要巧用地形，如在较大水面上设置水上活动，利用坡地设置露天剧场，利用林中大片空地设置音乐角等。

文化娱乐区的植物景观营造重点是如何利用高大的乔木把区内各项娱乐设施分隔开，如在韩国某公园的文化娱乐区内，在茶座周围种植一些高大乔木，使其自成一个较独立的空间。

日本某公园在常绿针叶林中开出大片空地，做成水体、山丘等微地形，成为音乐爱好者的乐园。另外该区在植物景观营造时，还要考虑其开放性的特点，在一些文化广场等公共场所，应多配植草坪或低矮花灌木，保证视野的通透性，利于游人之间相互交流。

2) 观赏游览区

观赏游览区是公园中景色最优美的区域，往往选择山水景观优美之地，结合历史文物、名胜古迹，建造观赏树木丛、专类花园，营造假山、溪流等，创造出美丽的自然景观。

在植物营造时，可采用几点技法：

一是把盛花植物种植在一起，形成花卉观赏区专类园，让游人充分领略植物的美。

二是以水体为主景，营造喷泉、瀑布、湖泊、溪流等，配植不同的植物以形成不同情调的景致(图8-7)。

三是利用植物组成不同外貌的群落，以体现植物群体美。

图8-7　杭州太子湾公园自然式溪流景观

四是利用园林中借景手法，把园外的自然风景引入园内，形成内外一体的壮丽景观。

3) 安静休息区

安静休息区是专供人们休息、散步、欣赏自然风景之处，在全园中占地面积最大，游人密度较小，且应与喧闹的文化娱乐等区有一定的距离。一般选择原有树木较多、地形起伏多变之处，最好有高地、谷地、湖泊、溪流等。该区的建筑布局宜散不宜聚，宜素雅不宜华丽，可结合自然风景，设立亭、台、榭、花架、曲廊等自由式园林建筑。

国外有的地方采用密林的方式，在密林内分布很多的散步小路，林间铺装自然式小空地和林中小草地，沿路及空地可以设置座椅，并配小雕塑等园林小品(图8-8)。也有

图8-8　英国 Regent's Garden 安静休息区

直接做成疏林草地，使大草坪为游人提供大面积的自由空间。

4) 儿童活动区

为了满足儿童心理上、生理上的特殊需要，一般综合性公园中应单独划出儿童活动区。它的作用与儿童公园相似，儿童在这里不仅可以游玩、运动、休息，而且可以开展课余的各项活动，学习知识，开阔眼界。儿童活动区的面积不应太小，应有足够的空间和游戏设施，可规划游戏场、戏水池、沙池、运动场、少年宫等。

儿童活动区一般规划在主要入口或次要入口附近，便于儿童进园后就可以找到自己感兴趣的东西。

儿童活动区一般选择地形较平坦，日照良好、自然景色明快的地方。儿童活动区还要提供座椅、坐凳甚至休息的建筑物，供家长看护、等候之用。

儿童活动区的植物选择很重要，植物种类应比较丰富，一些具有奇特叶、花、果之类的植物尤其适用于该区，以引起儿童对自然界的兴趣。但不宜采用带刺的树木，更不能用枝、叶等有毒的植物。

儿童区的周围应用紧密的林带或绿篱、树墙与其他区分开，区内游乐设施附近应有高大的庭荫树提供良好的遮荫。也可以把游乐设施分散在各疏林之下。儿童区的植物布置，最好能体现出童话色彩，配置一些童话中的动物或人物雕像，以及茅草屋等。利用色彩进行景观营造是国内外儿童区内常用的造景技法，如可以将多浆植物配植于灰白色鹅卵石旁，产生新奇的对比效果；也可用鲜红色的路面铺装，直接营造出欢快的气氛。

5) 老人活动区

随着世界老龄人口的不断增长，许多地方的综合性公园中都开始专设老人活动区。老人活动区就选在背风向阳之处，为老人们提供充足的阳光。地形选择也要求平坦为宜，不应有较大的地形变化。

园林建筑设施布置要紧凑，如座椅、躺椅、躲雨用的小亭、小阁的布局要具有较强通透性，且有一定的耐用性，以满足老人们长期在此聊天、下棋等要求。另外，还要规划出一定面积的活动场所，为老人提供晨练的空间。

老人活动区的植物景观营造应把老人的怀旧心理同返老还童的趣味性心理结合起来考虑，如可选择一两株苍劲的古树点明主题，种植各种观花树木烘托出老人丰富多彩的人生。在植物选择上，应选一些具有杀菌能力或芳香的植物，前者如桉树、侧柏、肉桂(*Cinnamomum cassia*)、柠檬、黄栌、雪松等，能分泌杀菌素，净化活动区的空气；后者如玉兰、蜡梅、含笑、米仔兰、栀子、茉莉等，能分泌芳香性物质，利于老人消除疲劳，保持愉悦的心情。

老人运动区的植物配置方式应以多种植物组成的落叶阔叶林为主，因它们不仅能营造夏季丰富的景观和荫凉的环境，而且能在冬季有较充足的阳光。另外，在一些道路的转弯处，应配植色彩鲜明的树种如红枫、金叶刺槐等，起到点缀、指示、引导的作用。

6) 体育运动区

体育运动区位置可在公园的次入口外，既可防止人流过于拥挤，又方便了专门至公园运动的居民。该区地势应比较平坦，土壤坚实，便于铺装，利于排水，也可结合大面积的水面开展水上运动。

体育运动区的植物选择应以速生、强健、落叶晚、发叶早的落叶阔叶树为主,不能有强烈的反光作用而影响运动员的视线。树木的果实、种子等产生飞絮的种类,如悬铃木、垂柳、杨树等,不宜种植在体育运动区。

在植物营造时,首先在各运动场地的外缘,用乔、灌木混交林相围,可起到分隔与改善赛场内环境的作用,但树木与运动场地至少要保持6~10m的距离。

7) 公园管理区

公园管理区是工作人员进行管理、办公、组织生产、生活服务之地。一般多设在园内较隐蔽的角落,不对游人开放,设有专门入口,同城市交通有较方便的联系。

管理区的植物配植多以规则式为主,但要注意其内的建筑物在面向游览区的一面应多植高大的乔木,以遮蔽公园内游人的视线。

8.2.5 园路规划与植物景观营造

园路是公园的重要组成部分,它承担着引导游人、连接各区等方面的功能。按其作用及性质的不同,一般分为主要道路、次要道路、散步小道三种类型。

1) 主要道路

是道路系统的主干,它依地形、地势、文化背景的不同而作不同形式的布置。中国园林中常以水面为中心,故主路多沿水面曲折延伸,如北海公园的主要道路布局依地势布置成自然式。

主要道路的宽度在4~5m之间,两旁多布置左右不对称的行道树或修剪整形的灌木,也可不用行道树,结合花境或花坛可布置自然式树丛、树群。主路两边要有供游人休息的座椅,座椅附近种植高大的落叶阔叶庭荫树以利于遮荫。

2) 次要道路

是主路的一级分支,连接主路,且是各区内的主要道路,宽度一般在2~3m。次要道路的布置既要利于便捷地联系各区,沿路又要有一定的景色可观。

在进行次要道路景观设计时,可以利用各区的景色去丰富道路景观,也可以沿路布置林丛、灌丛、花境去美化道路。其目的都是要尽量营造出自然的美丽景观(图8-9、图8-10)。

图8-9 杭州太子湾公园道路景观

图8-10 南京莫愁湖公园园路设计

3) 散步小道

分布于全园各处,尤以安静休息区为最多,一般宽度在1.5~2m。散步小道可沿湖布置,也可蜿蜒伸入密林,或穿过广阔的疏林草坪。

散步小道两旁的植物景观应最接近自然状态,两旁可布置一些小巧的园林建筑、雅致的园林小品,也可开辟一些小的封闭空间,配置乔、灌木,形成色彩丰富的树丛。散步小道是全园风景变化最细腻、最能体现公园游憩功能的园路。

8.3 植物园的植物种植设计

植物园是从事植物物种资源的收集、比较、保存和育种等科学研究的园地,不仅能传播植物学知识,并能以种类丰富的植物构成美好的风景,供观赏游憩之用。植物园有着悠久的发展历史,现在公认的西方植物园起源于5~8世纪,当时一些修道院的僧侣们建起了菜园和药草园,其中药草园除有药用植物外,还有观赏植物,可供品评、识别,这便是西方植物园的雏形。16世纪中叶,在意大利诞生了帕多瓦药用植物园,被认为是世界上现存最古老的植物园之一。之后又出现了意大利佛罗伦萨植物园、荷兰莱顿植物园。17世纪建起了荷兰阿姆斯特丹植物园、法国巴黎植物园、英国爱丁堡植物园。18世纪建成了著名的英国皇家植物园邱园。19世纪以后,世界各国建成的植物园有美国阿诺德树木园、加拿大蒙特利尔植物园、澳大利亚墨尔本植物园、新加坡植物园等。

我国现存最早的植物园是南京中山植物园,建于1929年,面积约187hm^2。它的建成为以后各地建园奠定了基础。后来相继建成的植物园中比较著名的有北京植物园、上海植物园、杭州植物园、西安植物园、武汉植物园、华南植物园等(图8-11~图8-14)。

图8-11 北京植物园(月季园)

图8-12 英国爱丁堡皇家植物园

图8-13 南京中山植物园(金钟花植物景观)

图8-14 杭州植物园(杜鹃园)

8.3.1 植物园的类型

植物园按其性质可分为综合性植物园和专业性植物园两大类。

1) 综合性植物园

综合性植物园兼备科研、科普、示范、生产等多种功能，且规模较大。它是将科学研究同对外开放结合起来，把植物的生态习性与美学特性融为一体的植物园，也是目前世界上较普遍的一种类型。如英国的邱园，建园目的首先是为了进行植物分类和植物系统发育方面的科学研究，但它同时也注重植物的经济用途和景观设计。园路两旁色彩丰富的花境、修剪整齐的大草坪、道旁的树木构成的透视夹景成为邱园吸引游人的主要景观。

其他如英国的威斯利花园、剑桥大学植物园，我国的北京植物园、武汉植物园、上海植物园等大多数植物园均属此种类型。

2) 专业性植物园

专业性植物园又称为附属植物园，多隶属于科研单位、大专院校。它是根据一定的学科、专业内容布置的植物标本园、树木园、药圃等，如南京药用植物园、广州中山大学标本园、浙江农业大学植物园、武汉大学树木园等。

8.3.2 植物园的组成

综合性植物园尽管有科研、观赏、生产三大功能，但每个植物园又各有不同的侧重点，从世界范围上讲，植物园主要由以下四部分组成：

1) 展览区

这是植物园的主要部分，它以满足植物园的观赏功能为主，通过向游人展示植物美丽的景观或植物的演变过程、应用方式等，达到科普或提供游憩场所的目的。展览区有按照植物生态习性布置的水生植物园、岩石园、高山植物园，有按照植物观赏特性布置的月季园、杜鹃园、花坛花境、庭院示范区等，也有按照植被类型布置的热带雨林、亚热带季雨林、亚热带常绿阔叶林等景观(图8-15)。

图8-15 英国爱丁堡皇家植物园温室展览区热带植物景观

2) 苗圃试验区

苗圃试验区是专门进行科研和相关生产的用地，一般不对游人开放。包括试验地、繁殖圃、移植圃、原始材料圃、检疫苗圃、荫棚、冷室、冷藏库、病虫防治室、消毒室、工具室、贮藏室等。

3) 图书、标本馆

一般建在全园比较安静的地方，主要供植物学工作者学习研究之用。国外的图书、标本馆有时会成为全园最精彩的一区，如威斯利花园中的图书馆，馆前布置精美的模纹花坛与种植各种睡莲的水池遥相呼应，把古朴的三层楼图书馆映衬得绚丽多彩。

4) 生活区

综合性植物园一般面积较大，且远离市区，还需设置职工生活区。这一区一般要同其他各区有一定的距离,最好同展览区不在同一个园内。它一般包括住宅区、食堂、幼儿园、商店及其他一些生活设施等。

8.3.3 展览区植物景观营造

展览区主要展示植物界发展变化的自然规律及人类利用植物和改造植物的成果,供游人参观学习。它的景观营造方式多种多样,一种展览区,只能表达一个主题,因而规模较大的综合性植物园常设许多种展览区。纵观各地的主要植物园,可按布置的原则和方式,分为以下几种展览区:

1) 按照园林植物的观赏特性及园林艺术的表现方式布置的展览区

(1) 专类园

大多数植物园内都设有专类园,它主要收集观赏价值较高、种类和品种资源较丰富的花灌木,可结合当地生态、小气候、地形等条件去种植。植物景观营造时要考虑结合花架、花池及附近园路的特点,合理搭配,构成艺术价值较高的专类园。

常见的可以组成专类园的植物主要有:月季、山茶、杜鹃、牡丹、芍药、丁香、梅花、桃花、樱花、木兰、竹、棕榈、鸢尾、百合、唐菖蒲、水仙、睡莲、荷花等。

(2) 专题花园

把不同科、属的植物配置在一起,展示植物的某一共同观赏特征。常见的专题花园有:以突出植物芳香为主题的芳香园,以观叶为主的彩叶园,以水景为主的水景园,以观果为主的观果园,以观花色为主的百花园。

这类花园在造景时主要考虑植物观赏特性能否满足某一主题,如芳香园首先要选花开芳香的植物(木兰、米仔兰、含笑、茉莉、栀子花、丁香等)。其次要注意季相的变化,如彩叶园可选既有突出春色叶的臭椿、黄连木(*Pislacia chinensis*)、栎树等,又有展示秋色叶的元宝枫、枫香、银杏、黄栌等,还要布置常年异色叶的紫叶李、紫叶樱、金叶刺槐、洒金珊瑚等。

(3) 园林应用展览区

通过向游人展示园林植物的绿化方法及在其他方面的用途,达到推广、普及的目的。一般包括花坛花境展览区、庭院绿化示范区、行道树展览区、整形修剪展览区、盆景桩景展览区等。这类展览区在种植设计时既要有普遍性,又要有新颖性。普遍性是指植物材料要有一定的代表性,较为普遍。新颖性是指绿化的方法及造景方式要有创新,至少与当地常见的应用方法有所区别。

(4) 园林形式展览区

展示世界各国的园林布置特点及不同流派的园林特色。常见的有中国自然山水园林、日本式园林、英国自然风景林、意大利建筑式园林、法国规整式园林及近几年出现的后现代主义园林、解构主义园林等。这类展区重点是抓住各流派的特色,面积不一定很大,但要让游人一目了然。如中国古典园林可用一架曲桥或一座古塔点题,日本园林可利用几平方米的地面设一组枯山水景色。

2) 按照植被类型布置的展览区

世界上植被类型很多,以我国为例,主要的植被类型有:热带雨林、热带季雨林和亚热带绿阔叶林、暖温带针叶林、亚高山针叶林、草甸草原灌丛带、干草原带、荒漠带等。要在某一地点布置很多植被类型的景观,只能借助于人工手段去创造一些植物所需的生态环境,目前常用人工气候室和展览温室相结合的方法。展览温室在我国可布置热带雨林景观，也可布置以仙人掌及多浆植物为主题的荒漠景观；人工气候室在国外多有应用，可用来布置高山植物景观。

3）按照植物的经济用途布置的展览区

一般称为经济植物展览区，主要展示野生植物和栽培植物的经济用途，可包括纤维类植物区、橡胶类植物区、药用植物区、油脂类植物区、淀粉及糖类植物区、香料植物区。这类展区一般用园路或其他较明显的标志划分，为医药、化工等行业提供参考。

4）按照植物的生态习性布置的展览区

植物的生态因子，主要有光、温度、水分和土壤。植物通过对生态因子的长期适应，会形成不同的群落。依据植物对水分的要求不同，可分为干生植物群、中生植物群落、湿生植物群落、水生植物群落；依植物对土壤的要求不同，可分沙生植物群落、岩生植物群落、盐生植物群落。

按生态因子布置展区时，只能依据当地的气候环境特点突出表现一两种生态类型的群落景观，不可能面面俱到。如著名的英国爱丁堡植物园，纬度偏北，气候冷湿，适于高山植物生长。园林设计师就因地制宜，建造了举世闻名的高山植物园。另外，水生植物一般多为草本，且生长期多集中于春、夏季，故各植物园多会布置水生植物展览区，根据湿生、沼生、水生植物的不同特点把水生植物种植在不同深度的水体中，结合风景构图布置成园。

5）按照植物进化原则和分类系统布置的展览区

一般又称为植物系统展览区或植物进化展览区，它反映植物由低级向高级进化的历史过程。因造园家所采用的分类系统不同，这类展区布置的形式也有差异，我国在裸子植物区多采用郑万钧系统，被子植物区多采用恩格勒或哈钦松系统。

这类展区在景观营造时，首先要考虑生态相似性，即在一个系统中尽量选择生态上有利于组成一个群落的植物。其次要尽量克服群落的单调性，把观赏特性较好的植株布置在展区的外围，如在布置裸子植物展区时，可把金叶松、洒金千头柏等彩叶植物布置在外面，林内种植常绿的乔木，这样就会明显增加该展示区的美观性。另外，还要使反映进化原则的不同植物尽量按不同的生态条件配植成合理的人工群落，以增加该区物种的多样性。由于在配植时很难同时满足上述两个条件，故这种展区一般占地面积很小，通常不超过 $5\sim10hm^2$。

6）按照植物地理分布和植物区系的原则布置的展览区

这类展区按植物原产地的地理分布进行营造，一般占地面积较大，多见于国外少数大型植物园中，如莫斯科总植物园用 $27hm^2$ 的土地，把前苏联的植物分为 7 个植物区系，即中亚细亚植物区系、阿尔泰植物区系、高加索植物区系、远东植物区系、北极植物区系、西伯利亚植物区系、前苏联欧洲部分植物区系。

7）树木园区

树木园区是植物园不可缺少的一个重要组成部分，它最初的目的是作为引种驯化的试验场地，但随着植物观赏游憩功能的加大，树木园在景观设计上的要求也逐渐增高。营造树木园时要在生态学、分类学的前提下，充分考虑植物的形态、色彩、花果等观赏特性，造出源于自然而又高于自然的人工林地景观。

在进行具体的植物园设计时，不一定把上述 7 类展览区都包括在内，综合性植物园只需包括大部分展区即可。另外，各展区在营造景观时决不能孤立对待，而应根据园林艺术的要求使它们结合起来，这样才能保证植物园多种功能的要求。

展览区的园路布置也是营造景观的一个关键环节。尽管它和综合性公园有很多相似之处，但由于植物园的植物种类和数量明显多于综合性公园，故园路又有其特殊的作用，其中之一是它在分隔各种类型的展区中发挥着重要作用。因此在营造园路时宜曲不宜直，一般也不需要在两旁用其他树种绿化，有些园路可以直接用草坪铺设或石条与草坪间隔铺设，以突出植物园种植设计的特色。另外，在较狭长的园路两端，要用树形优美的植物形成夹景。

第 9 章 居住区、厂区绿地种植设计

9.1 居住区绿地种植设计

居住区绿化是城市园林绿地系统中的重要组成部分,是改善城市生态环境的重要环节。生活居住用地一般占城市用地的 50%~60%,而居住区用地又占生活居住用地的 45%~55%。因此居住区的绿化,面广量大,在城市绿地中分布最广,最接近居民并为居民所经常使用。它能使人们在工作之余,生活、休息在花繁叶茂、富有生机、优美舒适的环境中。居住区绿化能否为人们创造富有生活情趣的生活环境,是居住区环境质量好坏的重要标志。

9.1.1 居住区绿化的作用

居住区绿化以植物为主体,可以起到在净化空气、减少尘埃、吸收噪声、保护居住区环境等方面的良好作用,同时也有利于遮阳降温、降低风速、改善小气候等;一些树木还具有耐火、防火及阻挡火灾的功能;各类绿地都可成为理想的避灾场所。

婀娜多姿的花草树木,丰富多彩的植物配置,点缀少量的建筑小品以及水体等,可美化环境;植物材料还可分割空间,增加层次,使居住建筑群更显生动活泼。另外,也可利用植物遮蔽丑陋不雅之物。

在良好的绿化环境中,组织、吸引居民户外活动,使老人、少年、儿童各得其所,能在就近的绿地中游憩、活动、观赏及进行社交活动,有利于人们身心健康,增进居民间的相互了解、和谐相处。

居住区绿化中选择既美丽又实用的植物进行布置,使绿化、美化、经济三者结合起来,取得良好的效益。另外,良好的居住区绿化可以增加房地产的售价,这已经越来越为房地产商及物业管理部门所重视。

9.1.2 居住区绿地的组成

居住区绿地根据使用的情况可以分为:公共绿地、专用绿地、道路绿地、宅旁绿地。

1) 公共绿地

指居住区内公共使用的绿地。这类绿地常与老人、青少年及儿童活动场地相结合布置。公共绿地根据居住区规划结构的形式分为居住区公园、居住小区中心游园、居住生活单元组团绿地。

(1) 居住区公园

为全居住区居民服务。面积较大,相当于城市小型公园。绿地内的设施比较丰富,有各年龄组休息、活动用地。为方便居民使用,常常规划在居住区中心地段,与居民的距离一般在 800~1000m 以内,步行约 10min 可以到达。

(2) 居住小区中心游园

为居住小区内居民就近使用,设置一定的文化体育设施、游憩场地、老人及青少年活动场地。

居住小区中心游园位置要适中，服务半径以 400～500m 为宜。

（3）居住生活单元组团绿地

是最接近居民的公共绿地，以住宅组团内居民为服务对象，特别要设置老人和儿童休息活动场所，往往结合住宅组团布置，离住宅入口最远距离在 100m 左右。

2）专用绿地

指居住区内各类公共建筑和公用设施周围的绿地。如俱乐部、医院、学校、幼儿园和托儿所等用地的绿化。其绿化布置要满足公共建筑和公用设施的功能要求，并考虑同周围环境的关系。

3）道路绿地

指居住区内道路两侧或单侧的绿化，根据道路的分级、地形及交通等的不同情况进行布置。

4）宅旁绿地

指住宅四周或住宅院内的绿地，是最接近居民的绿地，以满足居民日常的休息、欣赏、家庭活动和杂务等需要为主。

9.1.3 居住区绿化的基本要求及各类绿地的布置

1）居住区绿化的基本要求

居住区绿化应充分利用自然地形和现状条件，尽量利用劣地、坡地、洼地及水面作为绿化用地，以节约土地。对原有树木，特别是古树名木、珍稀植物应加以保护和利用，并规划入绿地设计中，以节约建设资金，早日形成绿化效果。

居住区绿化应以植物造园为主进行布局，充分发挥绿地的卫生防护功能。为了居民的休息和景观等的需要，可适当布置园林小品，其风格及手法宜朴素、简洁、统一、大方。

居住区绿化中既要有统一的格调，又要在布局形式、树种的选择等方面做到多种多样、各具特色，提高居住区绿化水平。

为了达到良好的居住区绿化效果，在环境设计时就要把握：

（1）实用性。即"实用性亲近环境"，环境不仅幽雅舒适，而且与周边环境协调。

（2）经济性。因地制宜，结合环境，注重分散与集中兼顾，便于管理。

（3）先进性。在满足现在用户需求的同时，要考虑可持续发展，为时代的进程、环境景观的深化，留有发展余地。

（4）开放性。为人们亲近自然创造条件，将封闭的绿地进行开放，使人与自然共生，更为区内居民服务，满足人的基本要求。

（5）多样性。乔、灌、草、地被、花卉的合理组合，常绿与落叶植物的搭配等，都要充分注意生物的多样性，保持群落的良性循环。

2）居住区内各类绿地的布置

（1）居住区公园

面积比较大，各项布局与城市小公园相似，设施比较齐全，内容比较丰富，有一定的地形地貌、小型水体、园林小品、活动设施等。因而可利用植物配置来划分功能区和景区，使植物景观的意境和功能区的作用相一致。如在老人活动、休息区，可适当地多种一些常绿树，使老人们不会在深秋因为看见"无边落木萧萧下"而引起伤感；在体育运动场地内，可种植冠幅较大、生长健壮的大乔木，为运动员休息时遮荫。居住区公园布置紧凑，各功能分区或景区间的节奏变化比较快，因而在植物选择上也应及时转换，符合功能或景区的要求。居住区公园与城市公园相比，游人成分单一，主要是本居住区的居民，游园时间比较集中，多在早晚，特别是夏季的晚上。因此，要在绿地中加强照明设施，避免人们在植物丛中因黑暗而造成危险；另外，也可利用一些香花植物进行配置，如白兰花、玉兰、含笑、蜡梅、丁香、桂花、结香(*Edgeworthia chrysantha*)、栀子花、玫瑰(*Rosa rugosa*)、素馨等，形成居住区公园的特色。

(2) 居住小区中心游园

是为居民提供茶余饭后活动休息的场所，利用率高，因而在植物配置上要求精心、细致、耐用。以种植设计为主，考虑四季景观，如要体现春景，可种植垂柳、玉兰、迎春、连翘、海棠、樱花、碧桃等，使得春日时节，杨柳青青，春花灼灼。而在夏园，则宜选悬铃木、栾树、合欢、木槿、石榴(*Punica granatum*)、凌霄、蜀葵等，炎炎夏日，绿树成荫，繁花似锦。在小游园还要因地制宜地设置花坛、花境、花台、花架、花钵等植物应用形式，有很强的装饰效果和实用效果，为人们休息、游玩创造良好的条件。如澳大利亚布里斯班高级住宅区利用高差形成下沉式的草坪广场，并在四周种植绿树红花，围合成恬静的休憩场所。

(3) 住宅组团绿地

是结合居住区不同建筑群的组成而形成的绿化空间，它的用地面积不是很大，但离居住区近，居民能就近方便使用，尤其是少年儿童和老人，往往常去活动。在植物配置时要考虑到他们的生理和心理的需要。利用植物围合空间，尽可能地植草种花，达到"乔、灌、草兼有，终年保持丰富的绿貌，形成春花、夏绿、秋色、冬姿的美好景象"；又可以绿色为基调进行植物布置，将居住区建筑融入一片绿色的海洋；也可利用棚架种植藤本植物，如紫藤、木香、葡萄(*Vitis vinifera*)等，利用水池种植水生植物，如睡莲、浮萍、菱等。但种植植物应避免靠近住宅，以免造成底层住宅阴暗潮湿及通风不良等负面的影响。

(4) 专用绿地

各种公共建筑的专用绿地要符合不同的功能要求，并和整个居住区的绿地综合起来考虑，使之成为有机的整体。

① 托儿所、幼儿园的绿化

托儿所、幼儿园是对3～6岁的学龄前儿童进行教育的场所，因而周围的绿化要针对幼儿的特点进行。

托儿所等地的植物选择宜多样化，多种植树形优美、少病虫害、色彩鲜艳、季相变化明显的植物，使环境丰富多彩，气氛活泼。同时也有助于儿童了解自然，热爱自然，增长知识。在儿童活动场地范围内，不宜种植占地面积过大的灌木，以防止儿童在跑动、跳跃过程中发生危险。可在场地四周边缘、角隅种植色彩丰富的各种花灌木。考虑到儿童户外活动多，夏天需要充足阳光，因而以种落叶乔木为宜。另外，不要栽植多飞絮、多刺、有毒、有臭味及容易引起过敏症的植物，如悬铃木、皂角、月季、海州常山(*Clerodendrum trichotomum*)、夹竹桃、凤尾兰(*Yucca golriosa*)、漆树、暴马丁香等。在主要出入口可配置儿童喜爱的色彩、造型及易被识别的植物，可作花架、凉棚等，为接送儿童的家长提供休息的场所。

② 学校绿化

学校绿化的主要目的是为师生创造一个防暑、防寒、防风、防尘、防噪、安静的学习工作环境和优美的居住、生活、休息活动场所。

主体建筑周围的绿化，主要是为了形成安静、清洁的教学区，其布局形式要与建筑相协调，为方便师生通行，多为规则式布置。在建筑物的四周，就考虑室内的通风、采光的需要，靠近建筑栽植低矮灌木或宿根花卉，距离建筑外8m以上才可栽植乔木，背阴面要选用耐阴植物。学校出入口是学校绿化的重点，在主道两侧种植绿篱、乔木，使入口主道四季常青，也可种植开花美丽的大乔木，间植常绿灌木。道路绿化以遮荫为主，少用飞毛、飞絮的树种。树种尽量丰富，可挂牌标明树种的名称、特性、原产地等，使整个校园成为普及生物学知识的园地。对于一些用地紧张的学校，要见缝插绿，特别要充分利用攀缘植物进行学校绿化。

③ 医疗机构绿化

医院中的绿化一方面可以创造安静的休养和治疗环境，另一方面也是卫生防护隔离地带，对改善医院周围的小气候有良好作用。同时，它美化了医院环境，有利于病人的身心健康。

医院绿化要与医院的建筑布局相协调，建筑周围绿化不应影响室内采光、通风。医院各组成部分应便于识别，植物宜选择有杀菌作用、无病虫害、无飞絮、飘毛的品种。植物配置要考虑四季景观，特别是大门入口外和住院部的植物景观，可使患者在精神上、情绪上比较乐观开朗，利于康复。在住院部还可种些药用植物，使植物布置与药物治病联系起来，增加药用植物知识。

一般病房与隔离病房应有30m以上的绿化隔离地段，且不能共用同一花园。在医院的外围应密植乔灌木的防护带，其宽度在10～15m。

(5) 居住区道路绿化

道路绿化如同绿色的网络，将居住区各类绿化用地联系起来，是居民日常生活的必经之地，对居住区的绿化面貌有着极大的影响。道路绿化要有利于居住的通风，改善小气候，减少交通噪声，保护路面及美化街景，以少量的用地增加居住区的绿化覆盖面积。树种的选择、树木配置的方式应不同于城市道路，形成不同于市区街道的气氛，使乔木、灌木、绿篱、草地、花卉相结合，显得更为生动活泼。比如，可在道路旁边种植高大的乔木、浓密的灌木、鲜艳的花卉及绿色的草坪；也可一侧以草坪为主、一侧以乔灌结合的方式进行道路绿化。

(6) 宅旁绿地

宅旁绿地是住宅绿化的基本单元，最接近居民。它包括住宅前后及两栋住宅楼之间的绿地，宅旁绿地与居民日常生活有着密切的关系，为居民的户外活动创造良好的条件和优美的环境，满足了居民休息、儿童活动、观赏等需要。它的绿化布置直接关系到室内的安宁、卫生、通风、采光，关系到居民的视觉享受和嗅觉享受(图9-1、图9-2)。

图9-1 居住区宅旁绿地(一)

图9-2 居住区宅旁绿地(二)

宅旁绿化应注意以下几点：

① 绿化布局、树种选择要多样化。行列式住宅容易成单调感，甚至不易分辨。因此要选择不同的树种，不同的种植方式，作为识别的标志。比如可以用观花、观果植物来布置，如柑橘、枇杷、杨梅（*Myrica rubra*）、无花果、葡萄、草莓、枸杞（*Lycium chinense*）、麦冬、桂花等，形成富有情趣的特色绿地。如日本京都某住宅旁，在石头砌成的种植槽内栽植敦实可爱的扁柏球，别具一格。

② 住宅周围常因建筑物的遮挡造成大面积的阴影，宜选择耐阴的植物种类，如桃叶珊瑚、罗汉松、十大功劳、珍珠梅（*Sorbaria kirilowii*）、金银木（*Lonicera maackii*）、玉簪、紫萼、麦冬等。

③ 住宅附近管道密集，树木的栽植要算准距离，尽量减少二者之间的相互影响。

④ 树木的栽植不要影响住宅的通风采光，尤其是南向窗前不要栽植大乔木。

⑤ 绿化布置要注意尺度感，以免由于树种选择不当而造成拥挤、狭窄的不良心理反应，并且容易形成窝藏垃圾的死角。英国布鲁斯特的一个居住区，将乔木、灌木、绿篱、花卉相结合，形成丰富的植物景观，但又不过分拥挤，不遮挡视线。

9.1.4 居住区绿化的植物配置和树种选择

在居住区绿化中，为了更好地创造出舒适、优美的生活、休息、游乐环境，要注意树种选择和植物配置。可从以下几个方面考虑：

(1) 要考虑绿化功能的需要，不能把所谓的美化置于绿化功能之上。

(2) 要考虑四季景观，采用常绿树与落叶树、乔木和灌木、速生和慢长、不同树开花花期和色彩的树种配植在一起。

(3) 树木花草种植形式要多种多样，如丛植、群植、孤植、对植等，打破成行成列住宅群的单调和呆板。

(4) 力求以植物材料形成绿化特色，使统一中有变化。

(5) 宜选择生长健壮、有特色的树种，可大量种植宿根、球根花卉及自播繁衍能力强的花卉，既节省人力物力财力，又可获得良好的观赏效果，如二月兰、玉簪、波斯菊、芍药、美人蕉、蜀葵等。

(6) 多种攀缘植物，以绿化建筑墙面、各种围栏、矮墙，提高居住区立体绿化效果，使其具有多方位的观赏性，如地锦、凌霄、常春藤、紫藤、南蛇藤、木香、山荞麦、葡萄、木通、络石、薜荔等(图9-3～图9-8)。

图9-3 四川罗浮世家中心游园(点植的红枫)

图9-4 深圳万科(层次丰富的植物景观)

图 9-5　广州中信红树湾角隅旁(丛生的竹子)

图 9-6　深圳万科(小园路种植设计)

图 9-7　深圳万科(合理的植物应用更好地突出主景)

图 9-8　深圳万科(植物围合的休憩空间)

9.2　厂区绿地种植设计

工厂绿化是指在工厂内部及周边地区进行绿化,主要目的在于创造卫生、整洁、美观的环境。工厂绿化除了可改善小气候外,应着力于减轻对室内外环境的污染,发挥减轻火灾、爆炸危害的功能。工厂绿化是生物防治"三废"污染的主要途径。

9.2.1　工厂绿化的作用

(1) 美化环境,树立良好的企业形象。工厂绿化对厂内的建筑、道路、管线等有一定的美化及遮掩作用;植物丰富的色彩及季相变化为工厂增添生机。良好的绿化对外可以树立良好的企业形象,增加客户的认同感,也是企业经济实力的象征;对内可以陶冶职工情操,使职工爱厂如家。

(2) 改善工作环境,提高劳动生产率。绿色植物能够调节人的紧张情绪,使人身心愉快,对于提高工作效率有积极的作用。

(3) 改善生态环境。工厂绿化对环境保护的作用是多方面的,主要包括:吸收二氧化碳,释放氧气;吸收有害气体,阻隔和吸收放射性物质;吸滞烟灰和粉尘;杀菌;降低噪声,防火、防爆、隔离、隐蔽等。另外,有些对某种有害物质敏感的植物可起到监测环境作用。

9.2.2 工厂绿化的特点和要求

1) 工厂绿化的特点

工厂绿化除和其他城市绿化有其相同之处外,还有其自身特点。

(1) 用地上的特点:一般工业用地都是在一些条件较差的边缘地带或人工填土上面。这种土地不适于栽植树木;此外,一般工厂建筑密度较高,铺装面积较大,留给绿化的土地很少。

(2) 使用上的特点:工厂绿地使用对象主要是本厂工人,观赏的人群是相对固定的。因而厂内绿化必须丰富多彩,最大程度地满足不同使用者的爱好,否则容易产生单调乏味的感觉。工厂职工的工间休息时间较短,因而工厂的绿化布置要能使职工在较短的休憩时间里,真正达到休息的目的,起到调节身心、消除疲劳的作用。

2) 工厂绿化的要求

(1) 满足生产环境保护的要求。工厂绿化应根据工厂的性质、规模、生产和使用特点、环境条件等对绿化的不同要求进行规划。在设计时要考虑绿地的主要作用,不能因为绿化而影响生产的合理性;也不能忽视绿化对生产的促进作用。同时也要考虑绿化环境的美化作用。因而工厂绿化要以满足生产要求、改善生态环境为首要目的,兼顾美化环境进行植物配置。

(2) 满足树种生态习性的要求。根据绿地的功能、栽植地点的环境条件、树木的生态习性综合考虑,选择合适的绿化树种。

(3) 充分利用可绿化的地段,见缝插绿,增加绿地面积,提高绿地率。如澳大利亚一造纸厂的办公区,用月季等进行窗台和基础绿化。

(4) 工厂绿化应有自己的风格和特点。根据工厂的性质、用地条件等建立工厂的绿化风格。

(5) 布局合理,使之成为全面的绿化系统,充分发挥植物的绿化、美化作用。

9.2.3 工厂绿化的组成

1) 厂前区绿化

厂前区一定程度上代表着工厂的形象,体现工厂的面貌。厂前区通常与城市道路相连,其环境的好坏直接影响到市容市貌,因而对其绿化有较高的要求。要运用乔、灌、草、花卉等进行重点布置,使之具有观赏性和艺术性,并考虑四季景观及夏季遮荫的需要。同时,厂前区是职工上、下班集散的场所,也是客户首到之处,因而其绿化要满足组织交通、安全规整等要求。

2) 工厂道路绿化

道路是厂区的动脉。因此,道路绿化在满足工厂生产要求的同时,还保证厂内交通运输的通畅。道路两旁的绿化应当考虑具有阻挡灰尘、废气和噪声等作用。

由于高密林带对浑浊气流有滞留作用,因而在道路两旁不宜种植成片过密过高的林带,以疏林草地为宜,利于废气的疏散。如受条件限制只能在道路的一侧种植树木时,则尽可能种在南北向道路的西侧或东西向道路的南侧,以达到庇荫的效果。道路绿化应注意地下及地上管网的位置,使其互不干扰。为了保证行车安全,在道路交叉口或转弯处不种分枝点低的乔木或高大的灌木丛。

种植乔木类树木的道路,能使人行道处在绿荫中。在乔木的下层,还可间植常绿灌木和花卉,丰富街景。

3) 卫生防护绿地

工厂防护绿地的主要作用是隔离工厂有害气体、烟尘等污染物质对工作和居民的影响，降低有害物质、尘埃和噪声传播，以保持环境的清洁。

根据树种的不同配置方式，防护林的结构形式有：

(1) 通透式：一般以乔木组成，不配植灌木。

(2) 半通透式：一般以乔木为主，在林带两侧配植灌木。

(3) 紧密式：由大乔木、小乔木和灌木多种植物配植成林。

防护林带在绿化布置时要结合当地气象条件，将通透式林带布置在上风向，而将紧密式绿化带布置在下风向，这样能得到较好的防护效果。此外，还要注意地形的起伏等其他因素，充分利用有利条件，使防护绿地起到真正的防护隔离作用。

4) 休憩性绿地

休憩性绿地主要是满足职工休息、放松、锻炼、交往的需要，对提高劳动生产率、保证安全生产、开展职工业余文化娱乐活动有重要意义，对美化厂容厂貌有重要作用。

休憩绿地是通过创造一定的人为环境，以供职工消除体力疲劳和调节工作心理和精神上的疲倦。因此绿化设计除了必须依据不同的生产性质和特征作不同的布置外，还必须对使用者作生理和心理上的分析，按不同要求进行植物配置。如生产环境是处在强光和噪声大的条件下，则休息环境应该是宁静的，色彩是淡雅的、没有刺激性的，宜选择枝叶柔软的观叶植物。当生产环境是处在肃静和光线暗淡的条件时，休息时的环境应该是热闹的，色彩是浓厚的、鲜艳的，宜选择色彩亮丽的花灌木或花卉。当生产操作经常处在单个形式，且又处在安静的生产环境时，则休息的场所最好能集中较多的人群，周围的气氛应该是热烈的，色彩宜是丰富多彩的，可选择不同色彩与质地的植物进行搭配。

在休憩绿地内可适当布置座椅、散步小道、休息草坪等，以满足人们不同使用的需要。

9.2.4 工厂绿化植物选择及常用植物

1) 植物选择的基本原则

(1) 适地适树，即选择适应当地气候及土壤条件的植物。

(2) 抗污染能力强的植物，根据不同工厂的污染情况选择不同的抗性植物。

(3) 选择易繁殖、移栽和管理的植物。

(4) 选择经济价值和观赏价值高的植物。

(5) 满足生产工艺流程对环境的要求。如精密仪器厂要求车间周围空气洁净、尘埃少，要选择滞尘能力强的树种，如榆树、构树，不能栽植杨、柳、悬铃木等飘毛飞絮的植物。对有防火要求的厂区，应选择油脂少、枝叶水分多、燃烧时不会产生火焰的防火树种，如珊瑚树、蚊母(*Distylium racamosum*)等。

2) 常用绿化植物

(1) 抗二氧化硫(SO_2)的：大叶黄杨、雀舌黄杨、海桐、山茶、小叶女贞、构树、枸杞、合欢、刺槐、槐树等。

(2) 抗氯气(Cl_2)的：侧柏、杨树、小叶女贞、合欢、大叶黄杨、蚊母、女贞、臭椿、桑树(*Morus alba*)、杜仲(*Eucommia ulmoides*)等。

(3) 抗氟化氢(HF)的：大叶黄杨、海桐、蚊母、山茶、杨树、桑树、石榴、朴树、榆树、夹竹桃等。

(4) 抗乙烯(CH_2CH_2)的：夹竹桃、悬铃木、凤尾兰、棕榈等。

(5) 抗氨气(NH_3)的：女贞、朴树、石榴、紫荆、樟树、蜡梅、石楠、皂荚、木槿、紫薇等。

(6) 抗二氧化氮(NO_2)的：夹竹桃、大叶黄杨、棕榈、女贞、樟树、杨树、臭椿、枫杨、丝棉木、泡桐等。

(7) 抗臭氧(O_3)的：悬铃木、枫杨、刺槐、樟树、银杏、枇杷、海州常山、连翘、冬青(Ilex purpurea)、青冈栎(Cyclobalanopsis glauca)等。

(8) 抗尘的：樟树、女贞、青冈栎、冬青、珊瑚树、石楠、夹竹桃、榆树、木槿、泡桐等。

另外还有一些对有害气体较敏感的植物，可用来监测工厂的有毒气体的排放情况。

(1) 对二氧化硫敏感的植物：苹果、郁李、雪松、樱花、贴梗海棠等。

(2) 对氯气敏感的植物：枫杨、薄壳山核桃、紫椴(Tilia amurensis)、樟子松等。

(3) 对氟化氢敏感的植物：葡萄、山桃、榆叶梅、梓树、杏(Prunus armeniaca)等。

(4) 对乙烯敏感的植物：月季(Rosa spp.)、大叶黄杨、刺槐、臭椿、合欢等。

(5) 对氨气敏感的植物：小叶女贞、悬铃木、薄壳山核桃、杜仲、刺槐等。

附录：种植设计常用树种和花卉

1. 常绿针叶树种

中名	学名	科名	习性	观赏特性及园林用途	适用地区
油松	Pinus tabulaeformis	松科	强阳性，耐寒，耐干旱瘠薄和碱土	树冠伞形；庭荫树，行道树，风景林	华北，西北
马尾松	Pinus massoniana	松科	强阳性，喜温湿气候，宜酸性土	针叶细长而软；造林绿化，风景林	长江流域以南
黑松	Pinus thunbergii	松科	强阳性，抗海潮风，宜生长海滨	干皮黑灰色。冬芽银白色；行道树，防潮林，庭荫树	华东沿海地区
赤松	Pinus densiflora	松科	强阳性，耐寒，要求海岸气候	针叶细软而较短；庭荫树，行道树，园景树，风景林	华东及北部沿海地区
千头赤松	Pinus densiflora 'Umbraculifera'	松科	阳性，喜温暖气候，生长慢	树冠伞形，平头状；孤植，对植	华东
白皮松	Pinus bungeana	松科	阳性，适应干冷气候，抗污染力强	树皮白色雅净；庭荫树，行道树，园景树	华北，西北，长江流域
湿地松	Pinus elliottii	松科	强阳性，喜温暖气候，较耐水湿	树干通直；树皮不规则块状开裂；庭荫树，行道树，造林绿化	长江流域至华南
红松	Pinus koraiensis	松科	弱阳性，喜冷湿润气候及酸性土	小枝灰褐色，密生黄褐色毛；庭荫树，行道树，园景树	东北
华山松	Pinus armandii	松科	弱阳性，喜温凉湿润气候	种子及球果为松树中最大；庭荫树，行道树，园景树，风景林	西南，华南，华北
日本五针松	Pinus parviflora	松科	中性，较耐阴，不耐寒，生长慢	针叶细短，蓝绿色；盆景，盆栽，假山园	长江中下游地区
日本冷杉	Abies firma	松科	阴性，喜冷湿润气候及酸性土	树冠圆锥形；园景树，风景林	华东，华中
辽东冷杉	Abies holophylla	松科	阴性，喜冷凉湿润气候，耐寒	树冠圆锥形；园景树，风景林	东北，华北
白杄	Picea meyeri	松科	耐阴，喜冷凉湿润气候，生长慢	树冠圆锥形；针叶粉蓝色；园景树，风景林	华北

附录：种植设计常用树种和花卉

续表

中名	学名	科名	习性	观赏特性及园林用途	适用地区
青杆	Picea wilsonii	松科	耐阴、耐寒	球果圆柱状，幼时紫红色；北京庭园常见栽培	华北
云杉	Picea asperata	松科	耐阴，喜凉润气候及微酸性土壤，耐干冷；浅根性	大枝轮生，树冠圆锥形；小枝淡黄褐色；园景树、行道树	西南、西北
欧洲云杉	Picea abies	松科	耐阴，喜深厚湿润之酸性土壤	树冠窄尖塔形，小枝常下垂；园景树、行道树	东北、华北、华东
雪松	Cedrus deodara	松科	弱阳性，耐寒性不强，抗污染力弱	树冠圆锥形，姿态优美；园景树、风景林	北京、大连以南各地
南洋杉	Araucaria cunninghamii	南洋杉科	阳性，喜暖热气候	树冠狭圆锥形，姿态优美；园景树、行道树	华南
异叶南洋杉	Araucaria heterophylla	南洋杉科	喜温暖湿润气候，不耐寒	叶锥形，有4棱，螺旋状互生；北方温室盆栽观赏	华东、华南
杉木	Cunninghamia lanceolata	杉科	中性，喜温湿气候及酸性土，速生	树冠圆锥形；园景树、造林绿化	长江中下游至华南
柳杉	Cryptomeria fortunei	杉科	中性，喜温暖湿润气候及酸性土	树冠圆锥形；列植、丛植、风景林	长江流域及其以南
侧柏	Platycladus orientalis	柏科	阳性，耐寒，耐干旱瘠薄，抗污染	小枝片竖直排列；园景树、庭荫树、行道树、风景林	华北、西北至华南
千头柏	Platycladus orientalis 'Sieboldii'	柏科	阳性，耐寒性不如侧柏	树冠紧密，近球形；孤植、对植、列植	长江流域、华北
日本扁柏	Chamaecyparis obtusa	柏科	中性，喜凉爽湿润气候，不耐寒	鳞叶先端钝，两侧之叶对生成Y形；园景树、丛植	长江流域
云片柏	Chamaecyparis obtusa 'Breviramea'	柏科	中性，喜凉爽湿润气候，不耐寒	树冠窄塔形；园景树；列植、丛植	长江流域
日本花柏	Chamaecyparis pisifera	柏科	中性，耐寒性不强	小枝片平展而略下垂；园景树；丛植、列植	长江流域
柏木	Cupressus funebris	柏科	中性，喜温暖多雨气候及钙质土	小枝扁平、细长下垂，对植、列植、墓道树、园景树、造林绿化	长江以南地区
圆柏	Sabina chinensis	柏科	中性，耐寒，稍耐湿，耐修剪	幼年树冠狭圆锥形；园景树、列植、绿篱	东北南部、华北至华南

续表

中名	学名	科名	习性	观赏特性及园林用途	适用地区
龙柏	Sabina chinensis 'Kaizuka'	柏科	阴性，耐寒性不强，抗有害气体	树冠圆柱形，似龙体；对植、列植、丛植	华北南部至长江流域
鹿角柏	Sabina chinensis 'Pfitzeriana'	柏科	阴性，耐寒	丛生状，干枝向四周斜展；庭园点缀	长江流域、华北
铺地柏	Sabina procumbens	柏科	阴性，耐寒、耐干旱	匍匐灌木；布置岩石园、地被	长江流域、华北
沙地柏	Sabina vulgalis	柏科	阴性，耐寒、耐干旱性强	匍匐状灌木，枝斜上，地被，保土，绿篱	西北、内蒙古、华北
刺柏	Juniperus formosana	柏科	中性，喜温暖多雨气候及钙质土	树冠狭圆锥形，小枝下垂；列植、丛植	长江流域、西南、西北
杜松	Juniperus rigida	柏科	阴性，耐寒，耐干瘠，抗海潮风	树冠狭圆锥形；列植、丛植、绿篱	华北、东北
罗汉松	Podocarpus macrophyllus	罗汉松科	半阴性，喜温暖湿润气候，不耐寒	树形优美，观叶、观果；孤植、对植、丛植	长江流域以南各地
竹柏	Podocarpus nagi	罗汉松科	耐阴，不耐寒	树形端正，高大挺立，是南方良好的庭荫树和行道树	长江流域以南地区
紫杉	Taxus cuspidata	红豆杉科	阴性，喜冷凉湿润气候，耐寒	树形端正，孤植、丛植、绿篱	东北
矮紫杉	Taxus cuspidata 'Nana'	红豆杉科	阴性，耐寒，耐修剪	枝叶密生；庭园点缀，盆景	东北、华北
南方红豆杉	Taxus wallichiana var. mairei	红豆杉科	阴性，喜温暖多雨气候及酸性土壤；生长较慢	树形美观，背面中脉与孔带不同色；优良用材及庭园树种	长江流域以南各省
红豆杉	Taxus chinensis	红豆杉科	阴性，喜温湿气候	树形美观，高纬度地区园林绿化的好材料	西北、西南、华中、华东
香榧	Torreya grandis 'Merrillii'	红豆杉科	阴性，不耐寒，抗烟尘。	小枝下垂；叶深绿色，质较软；树冠整齐，枝叶繁密，适合孤植、列植	长江以南各地
三尖杉	Cephalotaxus fortunei	三尖杉科	喜温暖湿润气候，耐阴，不耐寒	叶线状披针形，质地较硬；宜作庭院树、观赏树	华北、华东、华南、西南
粗榧	Cephalotaxus sinensis	三尖杉科	阴性树，较喜温暖，喜生于富含有机质的壤土内	叶条形，枝叶繁密；观赏树种，宜植于草坪边缘	华北南部、华东、华南、西南

2. 落叶针叶乔木

中名	学名	科名	习性	观赏特性及园林用途	适用地区
金钱松	Pseudolarix amabilis	松科	阳性，喜温暖多雨气候及酸性土	树冠圆锥形，秋叶金黄；园景树	长江流域
水松	Glyptostrobus pensilis	杉科	阳性，喜暖热多雨气候，耐水湿	树冠狭圆锥形；庭荫树，防风，护堤树	华南
水杉	Metasequoia glyptostroboides	杉科	阳性，喜温暖，较耐寒，耐盐碱	树冠狭圆锥形；列植，丛植，风景林	长江流域，华北南部
落羽杉	Taxodium distichum	杉科	阳性，喜温暖，不耐寒，耐水湿	树冠狭圆锥形，秋色叶；护岸树，风景林	长江流域及其以南
墨西哥落羽杉	Taxodium mucronatum	杉科	阳性，喜温暖，耐水湿	叶扁线形，紧密排成羽状二列；最适水边旁植，线条优美	华中、华中、西南
池杉	Taxodium ascendens	杉科	阳性，喜温暖，不耐寒，极耐湿	树冠狭圆锥形，秋色叶；滨水湿地绿化	长江流域及其以南

3. 常绿阔叶乔木

中名	学名	科名	习性	观赏特性及园林用途	适用地区
广玉兰	Magnolia grandiflora	木兰科	阳性，喜温暖湿润气候，抗污染	花大、白色，花期6~7月；庭荫树，行道树	长江流域及其以南地区
深山含笑	Michelia maudiae	木兰科	阳性，喜暖热，不耐寒，喜酸性土	花白色，浓香，花期5~9月；庭荫树，行道树	华南地区
乐昌含笑	Michelia chapensis	木兰科	弱阳性，喜温暖气候，较耐阴；生长较快	花白色带绿色，花期3~4月；优良的园林绿化及观赏树种	华中、华南、西南
紫衣含笑	Michelia crassipes	木兰科	弱阳性，喜温暖气候，较耐阴	花紫红色或黑紫色，花期4~5月；庭园观赏树种	华中、华南、西南
白兰花	Michelia alba	木兰科	喜温暖多雨气候及肥沃而排水绝对良好的沙壤土，不耐寒	花极芳香，花期5~9月，华南；城市庭荫观赏树及行道树	长江流域各地
木莲	Manglietia fordiana	木兰科	耐阴，喜温暖湿润气候及肥沃酸性土壤	花白色，花期3~4月，绿化、用材树种	长江以南地区

续表

中名	学名	科名	习性	观赏特性及园林用途	适用地区
香樟	Cinnamomum camphora	樟科	弱阳性，喜温暖湿润，较耐水湿	树冠卵圆形；庭荫树、行道树、风景林	长江流域至珠江流域
肉桂	Cinnamomum cassia	樟科	耐阴，喜暖热多雨气候及酸性土壤；深根性	树形整齐美观，园林绿化树种	华南地区
紫楠	Phoebe zhennan	樟科	喜光，喜温湿润，喜酸性土壤；深根性	果椭球形，熟时黑色，用材树种，庭荫及观赏树种	长江流域至珠江流域
羊蹄甲	Bauhinia purpurea	豆科	阳性，喜暖热气候，不耐寒	花玫瑰红色，花期10月；行道树、庭园风景树	华南
洋紫荆	Bauhinia variegata	豆科	阳性，喜暖热气候，不耐寒	花粉红色，春末；行道树、庭园风景树	华南
蚊母树	Distylium racemosum	金缕梅科	阳性，喜暖湿润及酸性土壤，抗有毒气体	花紫红色，花期4月；街道及工厂绿化，庭院或列植于路边、庭荫树	长江中下游至东南部
杨梅	Myrica rubra	杨梅科	中性，喜温暖湿润气候，抗有毒气体	树冠整齐、近球形、常孤植、丛植于草坪	长江以南地区
苦槠	Castanopsis sclerophylla	山毛榉科	中性，喜温暖气候，抗有毒气体	枝叶茂密；防护林、工厂绿化、风景林	长江以南地区
青冈栎	Cyclobalanopsis glauca	山毛榉科	中性，喜温暖湿润气候	枝叶茂密；庭荫树、背景树、风景林	长江以南地区
木麻黄	Casuarina equisetifolia	木麻黄科	阳性，喜暖热，耐干瘠及盐碱土	树形挺立高大；行道树、防护林、海岸造林	华南地区
榕树	Ficus microcarpa	桑科	阳性，喜暖热多雨气候及酸性土	树冠大而圆整；庭荫树、行道树、园景树	华南地区
椤木石楠	Photinia davidsoniae	蔷薇科	喜光、喜温暖、耐干旱、耐寒、耐瘠薄	树形圆整，枝叶繁密，花期5月，多用于绿篱或修成球形观赏	长江以南至华南地区
银桦	Grevillea robusta	山龙眼科	阳性，喜温暖，不耐寒，生长快	干直冠大，花橙黄色，花期5月；庭荫树、行道树	西南、华南地区
山杜英	Elaeocarpus sylvestris	杜英科	中性，喜温湿气候及酸性土	树形美观，花黄白色，花期7月；庭荫树、背景树、行道树	长江以南地区

附录：种植设计常用树种和花卉

续表

中 名	学 名	科 名	习 性	观赏特性及园林用途	适 用 地 区
大叶桉	Eucalyptus robusta	桃金娘科	阳性，喜暖热气候，生长快	树形高大挺立；行道树，庭荫树，防风林	华南，西南地区
柠檬桉	Eucalyptus citriodora	桃金娘科	阳性，喜暖热气候，生长快	树干洁净，树姿优美；行道树，风景林	华南地区
蓝桉	Eucalyptus globulus	桃金娘科	生长快，耐湿热性较差，在西南高原生长比华南好	叶蓝绿色，异型；树干笔直；行道树及造林树种	西南部及南部
白千层	Melaleuca leucadendra	桃金娘科	阳性，喜暖热，耐干旱和水湿	树形美观，穗状花序白色，花期1～2月；行道树，防护林	华南地区
女贞	Ligustrum lucidum	木犀科	弱阳性，喜温湿，抗污染，耐修剪	花白色，花期6月；绿篱，行道树，工厂绿化	长江流域及其以南地区
丹桂	Osmanthus fragrans var. aurantiacus	木犀科	喜光，喜温暖湿润气候	密伞形花序，花色橙黄或橙红，花期9～10月；优良的庭园观赏树	长江流域及其以南地区
金桂	Osmanthus fragrans var. thunbergii	木犀科	喜光，喜温暖湿润气候	花金黄色，香气浓，花朵易脱落；优良的庭园观赏树	长江流域及其以南地区
银桂	Osmanthus fragrans var. latifolius	木犀科	喜光，喜温暖湿润气候	花近白色，甚香。叶较小，长椭圆状；优良的庭园观赏树	长江流域及其以南地区
四季桂	Osmanthus fragrans var. semperflorens	木犀科	喜光，喜温暖湿润气候	花小，黄白色，一年内开花数次；优良的庭园观赏树	长江流域及其以南地区
棕榈	Trachycarpus fortunei	棕榈科	中性，喜温湿，抗有毒气体	树干笔直，工厂绿化，行道树，对植，丛植，盆栽	长江流域及其以南地区
蒲葵	Livistona chinensis	棕榈科	阳性，喜暖热气候，抗有毒气体	树形优美；庭荫树，行道树，对植，丛植	华南地区
王棕	Roystonea regia	棕榈科	阳性，喜暖热气候，不耐寒	树形优美；行道树，园景树，丛植	华南
假槟榔	Archontophoenix alexandrae	棕榈科	阳性，喜暖热气候，不耐寒	树形优美；行道树，丛植	华南地区
海枣	Phoenix dactylifera	棕榈科	耐热，耐寒，耐瘠，抗风，抗污染，易移植	稀疏头状树冠；优良园景树，行道树	华南，西南

续表

中名	学名	科名	习性	观赏特性及园林用途	适用地区
加拿利海枣	Phoenix canariensis	棕榈科	喜光、耐半阴、耐酷热、也能耐寒、极为抗风	叶柄短、树形开展、盆栽作室内布置，也可露地栽植	华南、西南
银海枣	Phoenix sylvestris	棕榈科	喜高温湿润环境、喜光照、有较强抗旱力	叶羽状全裂、灰绿色、孤植于水边、草坪作景观树	华南、西南、台湾
软叶刺葵	Phoenix roebelenii	棕榈科	喜阴、喜湿润、肥沃土壤、能耐阴、较耐旱、耐劳	树形开展、叶质较软、庭院及道路绿化、花坛、花带丛植	华南、西南
老人葵	Coccothrinax crinita	棕榈科	喜温暖、湿润、向阳的环境、较耐寒	叶片同白丝状纤维，似老翁白发，树干粗壮通直，庭园观赏，也可作行道树	华南
沙巴棕	Serenoa repens	棕榈科	喜光、喜温暖湿润气候	叶心形、掌状深裂、树形美观；南方庭园栽培	长江流域以南
布迪椰子	Butia capitata	棕榈科	较耐寒、喜开旷多日照地方	树干通直；羽叶拱曲；园林种植、寒地盆栽	华南、西南、台湾
散尾葵	Chrysalidocarpus lutescens	棕榈科	不耐寒、喜温暖、潮湿、耐阴、喜疏松肥沃、排水良好的土壤	秆光滑黄绿色、肉穗花序金黄色、花期3~4月；室内盆栽观叶、切叶	长江流域以南
圆叶蒲葵	Livistona rotundifolia	棕榈科	弱阳性、喜高温环境	节环不明显。叶圆形、亮绿色；庭园栽培，亦可盆栽	华南、西南、台湾
金山棕	Rhapis multifida	棕榈科	避免强光照长期的地、适宜保持一定的空气湿度	叶掌状深裂、树形优美；庭园栽培、供观赏或制作大型盆景	华南、西南
鱼尾葵	Caryota ochlandra	棕榈科	弱阴性、喜温暖湿润、忌讳强光直射和曝晒、不耐寒	叶为二回羽状全裂，侧面的菱形而似鱼尾；适于栽培于园林、庭院中观赏	华南、西南
椰子	Cocos nucifera	棕榈科	喜高温、湿润及阴光充足	叶羽状全裂、树形优美、园林美化树种、热带树种	华南、西南、台湾南部等地
槟榔	Areca catechu	棕榈科	要求高温多湿、充足阳光、耐阴光直射	叶羽状全裂、树形优美、风景树种、也可室内栽植观赏	华南、西南、台湾
三药槟榔	Areca triandra	棕榈科	稍耐寒，也耐阴	干绿如竹、节环显著、花序圆锥状；室内盆栽，亦可露地栽培观赏	台湾、华南、西南

续表

中名	学名	科名	习性	观赏特性及园林用途	适用地区
油棕	Elaeis guineensis	棕榈科	阳性，喜温暖湿润气候和深厚、肥沃的沙质壤土	叶羽状全裂，树干笔直，行道树，或群植观赏	华南、西南、台湾、海南
袖珍椰子	Chamaedorea elegans	棕榈科	不耐寒，喜温暖、湿润及半阴，忌强阳光直射	茎细长，绿色，有环纹。叶羽状全裂；室内盆栽观叶	华南、西南
酒瓶椰子	Hyophorbe lagenicaulis	棕榈科	阳性，性强健，喜高温多湿气候	羽状复叶簇生于茎顶，茎膨大似酒瓶；适宜布置庭园或盆栽观赏	华南、西南、台湾
华盛顿蒲葵	Washingtonia robusta	棕榈科	抗寒性较好，生长于海边干旱地区	树干较细，树冠较窄，叶亮绿色，较坚挺；观赏或作行道树	华南、西南
圆叶轴榈	Licuala grandis	棕榈科	喜光照充足，水分充足的生长环境；抗风性较强，且耐移栽	叶近圆形，羽状复叶，小叶线形，排列整齐；行道树，或作盆栽	华南
水椰	Nypa fruticans	棕榈科	适应性强，土壤一般喜半碱性的沼泽土	叶生于根茎，直立，羽状全裂，可作热带地海岸防护林和观赏灌木	广东、海南
三角椰子	Neodypsis decaryi	棕榈科	喜湿润，耐干旱，稍耐寒	花黄绿色，果倒卵球形，橄榄绿色；庭园栽培，供观赏	南方无霜冻地区露地生长
凤尾棕	Syagrus amara	棕榈科	喜温暖湿润和背风向阳环境	叶羽状全裂，供观赏；也可种植作海岸防护林	华南

4. 落叶阔叶乔木

中名	学名	科名	习性	观赏特性及园林用途	适用地区
银杏	Ginkgo biloba	银杏科	阳性，耐寒，抗多种有毒气体	秋叶黄色，庭荫树，行道树，孤植对植	沈阳以南、华北至华南
鹅掌楸	Liriodendron chinense	木兰科	阳性，喜温暖湿润气候	花黄绿色，花期4~5月；庭荫观赏树，行道树	长江流域及其以南地区
皂荚	Gleditsia sinensis	豆科	阳性，耐寒、耐干旱，抗污染力强	树冠广阔，叶密荫浓；庭荫树	华北至华南地区
山皂荚	Gleditsia japonica	豆科	阳性，耐寒、耐干旱，抗污染力强	树冠广阔，叶密荫浓；庭荫树，行道树	东北、华北至华东地区
凤凰木	Delonix regia	豆科	阳性，喜暖热气候，不耐寒，速生	花红色美丽，花期5~8月；庭荫观赏树、行道树	两广南部及滇南

续表

中名	学名	科名	习性	观赏特性及园林用途	适用地区
合欢	Albizia julibrissin	豆科	阳性，耐寒、耐干旱瘠薄	花粉红色，花期6~7月；庭荫树、行道树	华北至华南
国槐	Sophora japonica	豆科	阳性，耐寒，抗性强，耐修剪	枝叶茂密，树冠宽广；庭荫树、行道树	华北、西北、长江流域
龙爪槐	Sophora japonica 'Pendula'	豆科	阳性，耐寒	枝下垂，树冠伞形；庭园观赏，对植、列植	华北、西北、长江流域
刺槐	Robinia pseudoacacia	豆科	阳性，适应性强，浅根性，生长快	花白色，花期5月；行道树、庭荫树、防护林	南北各地
喜树	Camptotheca acuminata	蓝果树科	阳性，喜温暖，不耐寒，生长快	庭荫树、行道树	长江以南地区
珙桐	Davidia involucrata	蓝果树科	喜温凉湿润气候，不耐寒。其根系较浅，无明显主根	头状花序，下有二枚白色大苞片；观赏树种，也是用材树种	长江以南地区
蓝果树	Nyssa sinensis	蓝果树科	阳性，喜温暖湿润气候，耐干旱瘠薄	树干通直而挺拔，树冠塔形圆整、分枝茂密，作庭荫树、行道树	长江流域以南地区至华南各省
枫香	Liquidambar formosana	金缕梅科	阳性，喜温暖湿润气候，耐干旱瘠薄	秋叶红艳，庭荫树、风景林	长江流域及其以南地区
一球悬铃木	Platanus occidentalis	悬铃木科	阳性，喜温凉气候，抗污染，耐修剪	冠大荫浓；庭荫树、行道树	华北南部至长江流域
二球悬铃木	Platanus acerifolia	悬铃木科	阳性，喜温暖，抗污染，速生	树冠雄伟，枝叶繁茂；行道树、庭荫树	各地都有
三球悬铃木	Platanus orientalis	悬铃木科	喜温暖湿润气候，耐寒性不强	叶5~7掌状深裂；果球常3个；行道树、庭荫树	长江流域有栽培
毛白杨	Populus tomentosa	杨柳科	阳性，喜温凉气候，抗污染，速生	树干通直而挺拔；行道树、庭荫树、防护林	华北、西北、长江下游
银白杨	Populus alba	杨柳科	阳性，适应寒冷干燥气候	树干通直而挺拔，叶背银白色；行道树、庭荫树、防护林	西北、华北、东北南部
新疆杨	Populus bolleana	杨柳科	阳性，耐大气干旱及盐渍土	树冠圆柱形，优美；行道树、风景树、防护林	西北、华北
加拿大杨	Populus×canadensis	杨柳科	阳性，喜温凉气候，耐水湿，盐碱	树干通直而挺拔；行道树、庭荫树、防护林	华北至长江流域

附录：种植设计常用树种和花卉

续表

中名	学名	科名	习性	观赏特性及园林用途	适用地区
钻天杨	Populus nigra 'Italica'	杨柳科	阳性，喜温凉气候，耐水湿	树冠圆柱形；行道树，防护林，风景树	华北，东北，西北
青杨	Populus cathayana	杨柳科	阳性，耐冷气候，生长快	树形挺拔优美；行道树，庭荫树，防护林	北部及西北部
旱柳	Salix matsudana	杨柳科	阳性，耐寒，耐湿，耐旱，速生	树形优美；庭荫树，行道树，护岸树	东北，华北，西北
馒头柳	Salix matsudana 'Pendula'	杨柳科	阳性，耐寒，耐湿，耐旱，速生	小枝下垂；庭荫树，行道树，护岸树	东北，华北，西北
馒头柳	Salix matsudana 'Umbraculifera'	杨柳科	阳性，耐寒，耐湿，耐旱，速生	树冠半球形；庭荫树，行道树，护岸树	东北，华北，西北
龙爪柳	Salix matsudana 'Tortuosa'	杨柳科	阳性，耐寒，生长势较弱，寿命短	枝条扭曲如龙游；庭荫树，观赏树	东北，华北，西北
垂柳	Salix babylonica	杨柳科	阳性，喜温暖多水湿，耐旱，速生	枝细长下垂；庭荫树，观赏树，护岸树	长江流域至华南地区
白桦	Betula platyphylla	桦木科	阳性，耐严寒，喜酸性土，速生	树皮白色美丽；庭荫树，行道树，风景树	东北地区
岳桦	Betula ermanii	桦木科	喜生于寒湿地带林区的半阳坡山脊上	树皮灰黄白色，枝暗红褐色；孤植，丛植于庭院或片植于山地	东北和内蒙古东部
榛	Corylus heterophylla	桦木科	耐严寒，耐瘠薄，适应性强	树冠挺拔茂密；庭荫树，行道树，风景树	东北，华北，西北
辽东桤木	Alnus hirsuta	桦木科	喜光，稍耐阴；耐寒，耐水湿，但在积水处生长不良	树形美观；适作固堤护岸树，河岸风景林树种	东北地区以及华北地区的内蒙古地区
板栗	Castanea mollissima	山毛榉科	阳性，适应性强，深根性	树形开展，果有特色；庭荫树，果树	辽，华北至华南，西南
麻栎	Quercus acutissima	山毛榉科	阳性，适应性强，耐干旱瘠薄	树冠浓密；庭荫树，防护林	辽，华北至华南
栓皮栎	Quercus variabilis	山毛榉科	阳性，适应性强，耐干旱瘠薄	树形挺拔；庭荫树，防护林	华北至华南，西南
核桃	Juglans regia	胡桃科	阳性，耐干冷气候，不耐湿热	树形挺拔，枝叶茂密；庭荫树，行道树，干果树	华北，西北至西南

续表

中名	学名	科名	习性	观赏特性及园林用途	适用地区
胡桃楸	Juglans mandshurica	胡桃科	阳性，耐寒性强	树形挺拔，枝叶茂密；庭荫树、行道树	东北、华北
薄壳山核桃	Carya illinoensis	胡桃科	阳性，喜温湿气候，较耐水湿	秋色叶变黄，树干通直；庭荫树、行道树、干果树	华东地区
枫杨	Pterocarya stenoptera	胡桃科	阳性，适应性强，耐水湿，速生	秋色叶变黄，翅果串状美丽；庭荫树、行道树、护岸树	长江流域，华北
青钱柳	Cyclocarya paliurus	胡桃科	喜光，多生于荒山坡上，适应性强	羽状复叶互生，果翅在果核周围呈圆盘状；庭荫树、风景树	长江以南各省区
榆树	Ulmus pumila	榆科	阳性，适应性强，耐旱，耐盐碱土	小枝纤细，枝叶茂密；庭荫树、行道树、防护林	东北、华北至长江流域
榔榆	Ulmus parvifolia	榆科	弱阳性，喜温暖，抗烟尘及毒气	树形优美；庭荫树、行道树、盆景	长江流域及其以南地区
榉树	Zelkova schneideriana	榆科	弱阳性，喜温暖，耐烟尘、抗风	枝细叶小，树形雄伟，秋叶变红；庭荫树、行道树、盆景	长江中下游地区至华南
小叶朴	Celtis bungeana	榆科	中性，耐寒，耐干旱，抗有毒气体	树冠浓密，庭荫树、绿化造林、盆景	东北南部、华北
朴树	Celtis tetrandra	榆科	弱阳性，喜温暖，抗烟尘及毒气	树形优美；庭荫树、盆景	江淮流域至华南
珊瑚朴	Celtis julianae	榆科	喜光，喜温暖气候及湿润、肥沃土壤，深根性	冬季及早春枝布满红褐色花序，状如珊瑚；庭荫树、观赏树	长江流域及以南地区
桑树	Morus alba	桑科	阳性，适应性强，抗污染，耐水湿	枝叶茂密；庭荫树、工厂绿化	南北各地
构树	Broussonetia papyrifera	桑科	阳性，适应性强，抗污染，耐干瘠	叶不规则裂；庭荫树、行道树、工厂绿化	华北至华南
杜仲	Eucommia ulmoides	杜仲科	阳性，喜温暖湿润气候，较耐寒	树形高大优美；庭荫树、行道树	长江流域、华北南部
糠椴	Tilia mandshurica	椴树科	弱阳性，喜冷凉湿润气候，耐寒	树姿优美，枝叶茂密；庭荫树、行道树	东北、华北地区
蒙椴	Tilia mongolica	椴树科	中性，喜冷凉湿润气候，耐寒	树姿优美，枝叶茂密；庭荫树、行道树	东北、华北地区
紫椴	Tilia amurensis	椴树科	中性，耐寒性强，抗污染	树姿优美，枝叶茂密；庭荫树、行道树	东北、华北地区

续表

中名	学名	科名	习性	观赏特性及园林用途	适用地区
梧桐	Firmiana simplex	梧桐科	阳性，喜温暖湿润，抗污染，怕涝	枝干青翠，叶大荫浓；庭荫树、行道树	长江流域、华北南部
梭罗树	Reevesia pubescens	梧桐科	喜向阳，肥沃而深厚土壤，忌积水	伞花序顶生，花瓣白色至淡粉红色；庭院观赏或园林丛植	西南、东南及东南亚地区
木棉	Bombax malabaricum	木棉科	阳性，喜暖热气候，耐干旱，速生	花大，红色，花期2~3月；行道树、庭荫观赏树	华南地区
乌桕	Sapium sebiferum	大戟科	阳性，喜温暖气候，耐水湿，抗风	秋叶红艳；庭荫树、堤岸树	长江流域至珠江流域
重阳木	Bischofia polycarpa	大戟科	阳性，喜温暖气候，耐水湿，抗风	树形高大美观；行道树、庭荫树、堤岸树	长江中下游地区
丝棉木	Euonymus maackii	卫矛科	中性，耐寒，耐水湿，抗污染	枝叶秀丽，秋果红色；庭荫树、水边绿化	东北南部至长江流域
沙枣	Elaeagnus angustifolia	胡颓子科	阳性，耐干旱，低盐碱	叶银白色，花黄色，花期7月；庭荫树、风景树	西北、华北、东北
枳椇	Hovenia dulcis	鼠李科	阳性，喜温暖气候	叶大荫浓；庭荫树、行道树	长江流域及其以南地区
柿树	Diospyros kaki	柿树科	阳性，喜温暖，耐寒，耐干旱	秋叶红色，果橙黄色，秋季；庭荫树、果树	东北南部至华南、西南
君迁子	Diospyros lotus	柿树科	耐干旱瘠薄，不耐盐碱及水湿；深根性	树皮方块状裂，花单性异株。浆果近球形；优良用材树种	黄河流域及南方
臭椿	Ailanthus altissima	苦木科	阳性，耐干瘠、盐碱，抗污染	树形优美；庭荫树、行道树、工厂绿化	华北、西北至长江流域
香椿	Toona sinensis	楝科	喜光，有一定的耐寒能力；生长快	枝叶茂密，树干高耸，树冠庞大，嫩叶红艳；庭荫树及行道树	南北各地
苦楝	Melia azedarach	楝科	阳性，喜温暖，抗污染，生长快	花紫色，花期5月；庭荫树、行道树、建筑周边绿化	华北南部至华南、西南
川楝	Melia toosendan	楝科	阳性，喜温暖，不耐寒，生长快	速生用材，植株挺拔；庭荫树、行道树、建筑周边绿化	中部至西南部
栾树	Koelreuteria paniculata	无患子科	阳性，较耐寒，耐干旱，抗烟尘	枝叶繁茂秀丽，夏季黄花，秋叶鲜黄；庭荫树、行道树、观赏树	辽、华北至长江流域

续表

中名	学名	科名	习性	观赏特性及园林用途	适用地区
全缘叶栾树	Koelreuteria bipinnata var. integrifolia	无患子科	阳性，喜温暖气候，不耐寒	花金黄，花期8~9月，果淡红；庭荫树、行道树	长江以南地区
无患子	Sapindus mukorossi	无患子科	弱阳性，喜温湿，不耐寒，抗风	树冠广卵形，顶生圆锥花序；庭荫树、行道树	长江流域及其以南地区
黄连木	Pistacia chinensis	漆树科	弱阳性，耐干旱瘠薄，抗污染	秋叶橙黄或红色；庭荫树、行道树	华北至华南、西南
南酸枣	Choerospondias axillaris	漆树科	阳性，喜温暖，耐干瘠，生长快	冠大荫浓；庭荫树、行道树	长江以南及西南各地
火炬树	Rhus typhina	漆树科	阳性，适应性强，抗旱，耐盐碱	秋叶红艳；风景林、荒山造林	华北、西北、东北南部
元宝枫	Acer truncatum	槭树科	中性，喜温凉气候，抗风	秋叶黄或红色；庭荫树、行道树、风景林	华北、东北南部
三角枫	Acer buergerianum	槭树科	弱阳性，喜温湿气候，较耐水湿	枝叶茂密，秋叶暗红色；行道树、护岸树，绿篱	长江流域各地
五角枫	Acer mono	槭树科	喜温凉湿润气候，稍耐阴，深根性，少病虫害	山地及庭园绿化树种，庭荫树、行道树或防护林	东北、华北至长江流域
茶条槭	Acer ginnala	槭树科	弱阳性，耐寒，抗烟尘	秋叶红色，翅果成熟前红色；庭园风景林	东北、华北至长江流域
日本槭	Acer japonicum	槭树科	弱阳性，耐半阴，耐旱性不强。生长缓慢	春天开花紫红色，入秋叶色成深红；观花赏叶树种	华东
七叶树	Aesculus chinensis	七叶树科	弱阳性，喜温暖，也喜温暖	花白色，花期5~6月；庭荫树、行道树、观赏树	黄河中下游至华东
流苏树	Chionanthus retusus	木犀科	阳性，耐寒，耐寒	花白色美丽，花期5月；庭荫观赏树、丛植、孤植	黄河中下游及其以南
白蜡树	Fraxinus chinensis	木犀科	弱阳性，耐寒，耐低湿，抗烟尘	树形挺拔优美；庭荫树、行道树、堤岸树	东北、华北至长江流域
对节白蜡	Fraxinus hupehensis	木犀科	阳性，耐寒，耐低湿	树形挺拔优美；庭荫树、行道树、防护林	东北南部、华北
绒毛白蜡	Fraxinus velutina	木犀科	阳性，耐低洼、盐碱地，抗污染	速生树种，枝叶浓密；庭荫树、行道树，工厂绿化	华北

附录：种植设计常用树种和花卉 161

续表

中名	学名	科名	习性	观赏特性及园林用途	适用地区
梓树	Catalpa ovata	紫葳科	弱阳性，适生于温带地区，抗污染	花黄白色，花期5~6月；庭荫树，行道树	黄河中下游地区
楸树	Catalpa bungei	紫葳科	弱阳性，喜温和气候，抗污染	白花有紫斑，花期5月；庭荫观赏树，行道树	黄河流域至淮河流域
黄金树	Catalpa speciosa	紫葳科	喜温暖湿润气候，喜光，喜肥，较耐旱	花冠黄白色，花期5~6月；庭荫树及行道树	长江流域及黄河流域
蓝花楹	Jacaranda acutifolia	紫葳科	阳性，喜暖热气候，不耐寒	花蓝色美丽，花期5月；庭荫树，行道树	华南
大花紫薇	Largerstroemia speciosa	千屈菜科	阳性，喜暖热气候，不耐寒	花淡紫红色，花期夏秋；庭荫观赏树，行道树	华南
泡桐	Paulownia fortunei	玄参科	阳性，喜温暖气候，不耐寒，速生	花白色，花期4月；庭荫树，行道树	长江流域及其以南地区
紫花泡桐	Paulownia tomentosa	玄参科	强阳性，喜温暖，较耐寒，速生	白花有紫斑，花期4~5月；庭荫树，行道树	黄河中下游至淮河流域

5. 常绿小乔木及灌木

中名	学名	科名	习性	观赏特性及园林用途	适用地区
苏铁	Cycas revoluta	苏铁科	中性，喜温暖湿润气候及良性土	姿态优美；庭园观赏，盆栽，盆景	华南，西南
含笑	Michelia figo	木兰科	中性，喜温暖湿润气候及良性土	花淡紫色，浓香，花期4~5月；庭园观赏，盆栽	长江以南地区
月桂	Laurus nobilis	樟科	喜光，较耐阴，喜温暖湿润，喜温暖	春天有黄花缀满枝头；庭院绿化和绿篱树种	华东地区
枇杷	Eriobotrya japonica	蔷薇科	弱阳性，喜温暖湿润，不耐寒	叶大荫浓，初夏黄果；庭园观赏果树	南方各地
石楠	Photinia serrulata	蔷薇科	弱阳性，喜温暖，耐干旱瘠薄	嫩叶红色，秋冬红果；庭园观赏丛植	华东，中南，西南
洒金东瀛珊瑚	Aucuba japonica var. variegate	山茱萸科	阴性，喜温暖湿润，不耐寒	叶有黄斑点，果红色；庭园观赏，盆栽	长江以南各地

续表

中名	学名	科名	习性	观赏特性及园林用途	适用地区
珊瑚树	Viburnum awabuki	忍冬科	中性，喜温暖，抗烟尘，耐修剪	白花6月，红果9～10月；庭园观赏	长江流域及其以南地区
米兰	Aglaia odorata	楝科	性喜温暖、肥沃、排水良好、阳光充足的环境，能耐半阴	花期长，花小而多，黄色，极香	华南及西南
黄杨	Buxus sinica	黄杨科	中性，抗污染，耐修剪，生长慢	枝叶细密，庭园观赏，丛植，盆栽	华北至华南，西南
雀舌黄杨	Buxus bodinieri	黄杨科	中性，喜温暖，不耐寒，生长慢	枝叶细密，庭园观赏，丛植，绿篱，盆栽	长江流域及其以南地区
海桐	Pittosporum tobira	海桐科	中性，喜温暖，不耐寒，抗海潮风	白花芳香，花期5月，基础种植，绿篱，盆栽	长江流域及其以南地区
山茶花	Camellia japonica	山茶科	中性，喜温湿气候及酸性土壤	花白、粉、红，花期2～4月；庭园观赏，盆栽	长江流域及其以南地区
油茶	Camellia oleifera	山茶科	喜温暖湿润气候及酸性红壤中生长	花白，较小，10月，油料植物，供食用及工业用	长江流域及其以南地区
茶梅	Camellia sasanqua	山茶科	弱阴性，喜温暖气候及酸性土壤	花白、粉、红，花期11月至翌年1月；庭园观赏，绿篱	长江以南地区
枸骨	Ilex cornuta	冬青科	弱阴性，抗污染，生长慢	绿叶红果，甚美丽，基础种植，丛植，盆栽	长江中下游各地
大叶黄杨	Euonymus japonicus	卫矛科	中性，喜温湿气候，抗有毒气体	观叶；绿篱、基础种植、丛植、盆栽	华北南部至华南，西南
胡颓子	Elaeagnus pungens	胡颓子科	喜光，稍耐阴，抗病力强，耐干旱，水湿，在大多数土壤中生长良好	秋花银白芳香，红果5月，基础种植，盆景	长江中下游及其以南
金心胡颓子	Elaeagnus maculata 'Aurea'	胡颓子科	喜光，稍耐阴，抗病力强，生长较快，在大多数土壤中生长良好	叶绿底金黄叶心，枝叶披绒毛，有枝刺；庭园观赏	华东，华南，华中
云南黄馨	Jasminum mesnyi	木犀科	中性，喜温暖，不耐寒	枝拱垂，花黄色，花期4月，庭园观赏，盆栽	长江流域，华南，西南
夹竹桃	Nerium indicum	夹竹桃科	阳性，喜温暖湿润气候，抗污染	花粉红，花期5～10月，庭园观赏，花篱，盆栽	长江以南地区

附录：种植设计常用树种和花卉

续表

中 名	学 名	科 名	习 性	观赏特性及园林用途	适用地区
栀子花	Gardenia jasminoides	茜草科	中性，喜温暖气候及酸性土壤	花白色，浓香，花期6~8月；庭园观赏，花篱	长江流域及其以南地区
南天竹	Nandina domestica	小檗科	中性，耐阴，喜温暖湿润气候	枝叶秀丽，秋冬红果；庭园观赏，丛植，盆栽	长江流域及其以南地区
阔叶十大功劳	Mahonia bealei	小檗科	喜光，耐半阴，耐寒，耐干旱，性强健	秋季黄花和入冬黑果；庭园栽培观赏，温室盆栽	华东、中南各地
狭叶十大功劳	Mahonia fortunei	小檗科	耐阴，喜温暖湿润气候，不耐寒	花黄色，果蓝黑色；庭园观赏，丛植，绿篱	长江流域及其以南地区
八角金盘	Fatsia japonica	五加科	喜温暖，忌酷热，不耐旱，湿；忌强光；极耐阴叶，抗二氧化硫	花白色，花期10~11月；盆栽观叶，厂矿区绿化	长江流域以南地区
鹅掌柴	Schefflera octophylla	五加科	性喜温暖、湿润及半阴环境和肥沃酸性土壤	冬季开花，芬香；园林绿地或盆栽欣赏	华南各省区
凤尾兰	Yucca gloriosa	百合科	阳性，喜亚热带气候，不耐严寒	花乳白色，夏、秋，庭园观赏，丛植	华北南部至华南
丝 兰	Yucca flaccida	百合科	阳性，喜亚热带气候，不耐严寒	花乳白色，花期6~7月；庭园观赏，丛植	华北南部至华南
紫金牛	Ardisia japonica	紫金牛科	喜温暖湿润、隐蔽或半荫蔽环境，较耐霜冻	花小而白色或粉红色，花期5~9月；林下种植，温室盆栽观果	长江流域以南地区
棕 竹	Rhapis excelsa	棕榈科	阴性，喜湿润的酸性土，不耐寒	观叶；庭园观赏，丛植，基础种植，盆栽	华南、西南
杜 英	Elaeocarpus decipiens	杜英科	耐阴，喜温暖湿润气候，耐寒性不强	绿叶中常存有少量鲜红的老叶；庭园树、行道树	长江流域以南地区
尖叶杜英	Elaeocarpus apiculatus	杜英科	生于海拔300~900m林中。性喜温暖，湿润的生长环境	叶倒卵状披针形，花瓣倒披针形；可于坡地、庭院、路旁丛植	华南、西南
赤 楠	Syzygium buxifolium	桃金娘科	喜阴亦耐阴，耐湿，不耐严寒，喜酸性土壤	聚伞花序生于枝顶，花小，白色；丛植、行植，或作绿篱	长江以南山地
变叶木	Codiaeum variegatum	大戟科	阴性，喜高温湿润，喜黏重肥沃土壤；不耐寒	叶、叶形、大小及着生状态变化极大；华南地区露地条植，可作彩篱	华南

6. 落叶小乔木及灌木

中 名	学 名	科 名	习 性	观赏特性及园林用途	适 用 地 区
白玉兰	Magnolia denudata	木兰科	阳性，稍耐阴，颇耐寒，怕积水	花大洁白，花期3~4月；庭园观赏，对植，列植	华北至华南，西南
紫玉兰	Magnolia liliflora	木兰科	阳性，喜温暖，不耐严寒	花大紫色，花期3~4月；庭园观赏，丛植	华北至华南，西南
二乔玉兰	Magnolia × soulangeana	木兰科	阳性，喜温暖气候，较耐寒	花白带浓紫色，花期3~4月；庭园观赏	华北至华南，西南
白鹃梅	Exochorda racemosa	蔷薇科	弱阳性，喜温暖气候，较耐寒	花白色美丽，花期4月；庭园观赏，丛植	华北至长江流域
李叶绣线菊	Spiraea prunifolia	蔷薇科	阳性，喜温暖湿润气候	花小，白色美丽，花期4月；庭园观赏，丛植	长江流域及其以南地区
珍珠花	Spiraea thunbergii	蔷薇科	阳性，喜温暖气候，较耐寒	花小，白色美丽，花期4月；庭园观赏，丛植	东北部，华北，华南
麻叶绣线菊	Spiraea cantoniensis	蔷薇科	中性，喜温暖气候	花小，白色美丽，花期4月；庭园观赏，丛植	长江流域及其以南地区
菱叶绣线菊	Spiraea vanhouttei	蔷薇科	中性，喜温暖气候，较耐寒	花小，白色美丽，花期4~5月；庭园观赏，丛植	华北至华南，西南
粉花绣线菊	Spiraea japonica	蔷薇科	阳性，喜温暖气候	花粉红色，花期6~7月；庭园观赏，丛植，花篱	华北南部至长江流域
珍珠梅	Sorbaria kirilowii	蔷薇科	耐阴，耐寒，对土壤要求不严	花小白色，花期6~8月；庭园观赏，丛植，花篱	华北，西北，东北部
月季	Rosa chinensis	蔷薇科	阳性，喜温暖气候，较耐寒	花红、紫，花期5~10月；庭植，盆栽	东北南部至华南，西南
玫瑰	Rosa rugosa	蔷薇科	阳性，喜温暖气候，较耐寒	花色丰富，花期5~10月；庭植，专类园，盆栽	东北南部至华南，西南
棣棠	Kerria japonica	蔷薇科	阳性，耐寒，耐干旱	花黄色，花期4~5月；丛植，花篱	华北，西北，东北东南部
鸡麻	Rhodotypos scandens	蔷薇科	中性，喜温暖湿润气候，较耐寒	花金黄，花期4~5月，枝干绿色；丛植，花篱	华北至华南，西南

续表

中名	学名	科名	习性		观赏特性及园林用途	适用地区
杏	Prunus armeniaca	蔷薇科	中性	喜温暖气候，较耐寒	花白色，花期4~5月；庭园观赏，丛植	北部至中部，东部
梅	Prunus mume	蔷薇科	阳性	耐寒，耐干旱，不耐涝	花粉红，花期3~4月；庭园观赏，片植，果树	东北，华北至长江流域
桃	Prunus persica	蔷薇科	阳性	喜温暖气候，怕涝，寿命长	花红，粉，白，芳香，花期2~3月；庭植，片植	长江流域及其以南地区
碧桃	Prunus persica 'Duplex'	蔷薇科	阳性	耐干旱，不耐水湿	花粉红，花期3~4月；庭园观赏，片植，果树	东北南部，华北至华南
山桃	Prunus davidiana	蔷薇科	阳性	耐干旱，不耐水湿	花粉红，重瓣，花期3~4月；庭植，片植，列植	东北南部，华北至华南
紫叶李	Prunus cerasifera 'Pissardii'	蔷薇科	阳性	耐寒，耐干旱，耐碱土	花淡粉，花期3~4月；庭园观赏，片植	东北，华北，西北
樱花	Prunus serrulata	蔷薇科	弱阳性	喜温暖湿润气候，较耐寒	叶紫红色，花淡粉红，花期3~4月；庭园点缀	华北至长江流域
东京樱花	Prunus × yedoensis	蔷薇科	阳性	较耐寒，不耐烟尘和毒气	花粉白，花期4月；庭园观赏，丛植，行道树	东北，华北至长江流域
日本晚樱	Prunus lannesiana	蔷薇科	阳性	较耐寒，不耐烟尘	花粉白，花期4月；庭园观赏，丛植，行道树	华北至长江流域
榆叶梅	Prunus triloba	蔷薇科	阳性	喜温暖气候，较耐寒	花粉红，花期4月；庭园观赏，丛植，行道树	华北至华南
郁李	Prunus japonica	蔷薇科	弱阳性	耐寒，耐干旱	花粉，红，紫，花期4月；庭园观赏，丛植，列植	东北南部，华北，西北
平枝栒子	Cotoneaster horizontalis	蔷薇科	阳性	耐寒，耐干旱	花粉，白，花期4月，果红色；庭园观赏，丛植	东北，华北至华南
火棘	Pyracantha fortuneana	蔷薇科	阳性	耐寒，适应性强	匍匐状，秋冬果鲜红；基础种植，岩石园	华北，西北至长江流域
山楂	Crataegus pinnatifida	蔷薇科	阳性	喜温暖气候，不耐寒	春白花，秋冬红果；基础种植，丛植，篱植	华东，华中，西南

续表

中名	学名	科名	习性	观赏特性及园林用途	适用地区
木瓜	Chaenomeles sinensis	蔷薇科	弱阴性，耐寒，耐干旱瘠薄土壤	春白花，秋红果；庭园观赏，园路树，果树	东北南部，华北
贴梗海棠	Chaenomeles speciosa	蔷薇科	阳性，喜温暖，不耐低湿和盐碱土	花粉红，花期 4~5 月，秋果黄色；庭园观赏	长江流域至华南
日本贴梗海棠	Chaenomeles japonica	蔷薇科	阳性，喜温暖气候，较耐寒	花粉、红，花期 4 月，秋果黄色；庭园观赏	华北至长江流域
西府海棠	Malus × micromalus	蔷薇科	喜光，稍耐阴，喜深厚、肥沃、排水良好的壤土，较耐寒	花 3~5 朵簇生，橘红色。果近球形，黄色；庭园中丛植	全国各地
垂丝海棠	Malus halliana	蔷薇科	喜光，耐寒，耐旱	花粉红色，果红色；栽培供观赏	北方各地区
白梨	Pyrus bretschneideri	蔷薇科	阳性，耐寒，耐干旱，忌水湿	花粉红，单或重瓣，栽培供观赏	东北南部，华北，华东
沙梨	Pyrus pyrifolia	蔷薇科	阳性，喜温暖湿润，耐寒性不强	花鲜玫瑰红色，花期 4~5 月；庭园观赏，丛植	华北南部至长江流域
蜡梅	Chimonanthus praecox	蜡梅科	喜干冷气候，耐寒	花白色，花期 4 月，庭园观赏，果树	东北南部，华北，西北
紫荆	Cercis chinensis	豆科	阳性，喜温暖湿润气候	花白色，花期 3~4 月；庭园观赏，果树	长江流域至华南，西南
毛刺槐	Robinia hispida	豆科	阳性，喜湿暖，耐干旱，不耐涝	花黄色，浓香，3~4 月叶前开放；庭园观赏，盆栽	华北南部至长江流域
紫穗槐	Amorpha fruticosa	豆科	阳性，耐寒，喜排水良好土壤	花紫红，3~4 月叶前开放；庭园观赏，丛植	华北，西北华南
锦鸡儿	Caragana sinica	豆科	阳性，耐水湿，干瘠和轻盐碱土	花紫粉，花期 6~7 月；庭园观赏	东北，华北
胡枝子	Lespedeza bicolor	豆科	阳性，耐水湿，干瘠和轻盐碱土	花暗紫，花期 5~6 月；护坡固堤	南北各地
垂枝榆	Ulmus pumila 'Tenue'	榆科	中性，适应性强，抗盐碱；根系发达	枝条下垂，树冠呈伞形，作行道树，防护林及四旁绿化树种	全国各地都有分布
太平花	Philadelphus pekinensis	虎耳草科	中性，耐寒，耐干旱瘠薄	花橙黄，花期 4 月；庭园观赏，岩石园，盆景	华北至长江流域

续表

中 名	学 名	科 名	习 性	观赏特性及园林用途	适用地区
山梅花	Philadelphus incanus	虎耳草科	中性、耐寒、耐干旱瘠薄	花紫红，花期8月；庭园观赏，护坡，林带下木	东北至黄河流域
溲疏	Deutzia scabra	虎耳草科	弱阳性、耐寒、怕涝	花白色，花期5～6月；庭园观赏、丛植、花篱	华北、东北、西北
八仙花	Hydrangea macrophylla	虎耳草科	弱阳性、较耐寒、耐旱、忌水湿	花白色，花期5～6月；庭园观赏、丛植、花篱	华北、华中、西北
红瑞木	Cornus alba	山茱萸科	弱阳性、喜温暖、耐寒性不强	花白色，花期5～6月；庭园观赏、丛植、花篱	长江流域各地
四照花	Dendrobenthamia japonica var. chinensis	山茱萸科	阳性、喜湿润和温暖、耐寒性强	花粉红色、淡蓝色或白色，花期6～10月；丛植或作花篱	南北各地
糯米条	Abelia chinensis	忍冬科	中性、耐寒、耐湿、也耐干旱	茎枝红色美丽，果白色；庭园观赏、草坪丛植	东北、华北
猬实	Kolkwitzia amabilis	忍冬科	中性、喜温暖气候、耐寒性不强	花黄白，花期5～6月，秋果粉红；庭园观赏	华北南部至长江流域
锦带花	Weigela florida	忍冬科	中性、喜温暖、耐干旱、耐修剪	花白带粉，芳香，花期8～9月；庭园观赏、花篱	长江流域至华南
海仙花	Weigela coraeensis	忍冬科	阳性、颇耐寒、耐干旱瘠薄	花粉红，花期5月，果似刺猬；庭园观赏、花篱	华北、西北、华中
天目琼花	Viburnum sargentii	忍冬科	阳性、耐寒、耐干旱、怕涝	花玫瑰红色，花期4～5月；庭园观赏、草坪丛植	东北、华北
桂叶荚蒾	Viburnum tinus	忍冬科	弱阳性、耐寒、抗病能力强、耐修剪	冬季伞状红色花序；庭植观花观果	华东、华南
金银木	Lonicera maackii	忍冬科	弱阳性、喜温暖、颇耐寒	花黄白变红，花期5～6月；庭园观赏、草坪丛植	华北、华东、华中
接骨木	Sambucus williamsii	忍冬科	中性、较耐寒	花白色，花期5～6月，秋果红色；庭园观花观果	东北、华北至长江流域
结香	Edgeworthia chrysantha	瑞香科	弱阳性、喜温暖、抗有毒气体	花小，白色，花期4～5月，秋果红色；庭园观赏	南北各地

续表

中名	学名	科名	习性	观赏特性及园林用途	适用地区
柽柳	Tamarix chinensis	柽柳科	中性，喜温暖气候，不耐寒	叶形新奇，花色美而花期长；庭园观赏，盆栽	长江流域及其以南地区
木槿	Hibiscus syriacus	锦葵科	阳性，抗旱、涝，盐碱及沙荒	花黄色，芳香，花期3~4月叶前开放；庭园观赏	长江流域各地
木芙蓉	Hibiscus mutabilis	锦葵科	弱阴性，喜温暖气候，较耐寒	花粉红色，花期5~8月；庭园观赏，绿篱	华北华中，西南
杜鹃	Rhododendron simsii	杜鹃花科	阳性，喜温暖气候，不耐寒	花淡紫、白、粉红，花期7~9月；丛植，花篱	华北至华南
白花杜鹃	Rhododendron mucronatum	杜鹃花科	中性偏阴，喜温湿气候及酸性土	花粉红色，花期9~10月；庭园观赏，丛植，列植	长江流域及其以南地区
金丝桃	Hypericum chinensis	藤黄科	中性，喜温湿气候及酸性土	花深红色，花期4~5月；庭园观赏，盆栽	长江流域及其以南地区
石榴	Punica granatum	石榴科	中性，喜温暖气候，不耐寒	花白色，花期4~5月，果红色；庭园观赏，盆栽	长江流域
花椒	Zanthoxylum bungeanum	芸香科	中性，耐寒，适应性强	花红色，花期5~6月，果红色；庭园观赏，果树	黄河流域及其以南地区
枸橘	Poncirus trifoliata	芸香科	阳性，喜温暖气候，不耐严寒	秋果橙红色；庭园观赏，绿篱，林带下木	长江流域及其以北地区
山麻杆	Alchornea davidii	大戟科	阳性，喜温暖气候，较耐寒	秋色叶变红；丛植，刺篱	华北，西北至华南
文冠果	Xanthoceras sorbifolia	无患子科	阳性，耐寒，耐干旱及盐碱土	花白色，花期4月，果黄绿、香；丛植，刺篱	黄河流域至华南
黄栌	Corinus coggygria	漆树科	弱阳性，喜湿润及温暖环境；根萌蘖力强	嫩叶红艳如花，庭园观赏，孤植或丛植，列植	长江流域及以南
鸡爪槭	Acer palmatum	槭树科	中性，耐寒	花白色，花期4~5月；庭园观赏，丛植，列植	东北南部，华北、西北
紫红鸡爪槭	Acer palmatum 'Atropurpureum'	槭树科	中性，喜温暖气候，不耐寒	霜叶红艳美丽；庭园观赏，片植，风景林	华北

续表

中名	学名	科名	习性	观赏特性及园林用途	适用地区
细叶鸡爪槭	Acer palmatum 'Dissectum'	槭树科	中性，喜温暖气候，不耐寒	叶形秀丽，秋叶红色；庭园观赏，盆栽	华北南部至长江流域
红细叶鸡爪槭	Acer palmatum 'Dissectum Orntum'	槭树科	中性，喜温暖气候，不耐寒	叶常年紫红色；庭园观赏，盆栽	华北南部至长江流域
醉鱼草	Buddleia lindelyana	马钱科	中性，喜温暖气候，不耐寒	树冠开展，叶片细裂；庭园观赏，盆栽	长江流域
小蜡	Ligustrum sinense	木犀科	阳性，喜温暖气候，不耐水湿	树冠开展，叶片细裂；红色；庭园观赏，盆栽	长江流域
小叶女贞	Ligustrum quihoui	木犀科	中性，喜温暖，耐修剪	花紫色，花期6~8月；庭园观赏，草坪丛植	长江流域及其以南地区
迎春	Jasminum nudiflorum	木犀科	中性，喜温暖，较耐寒，耐修剪	花小，白色，花期5~6月；庭园观赏，绿篱	长江流域及其以南地区
紫丁香	Syringa oblata	木犀科	中性，喜温暖气候，较耐寒	花小，白色，花期5~7月；庭园观赏，绿篱	华北至长江流域
白丁香	Syringa oblata var. alba	木犀科	阳性，耐寒耐旱	花白色，香气浓；庭院观赏，花灌木	东北、内蒙古、华北、西北及四川等低山区
暴马丁香	Syringa reticulate var. mandshurica	木犀科	较耐寒，喜阳光，耐旱，不耐涝	花黄色，早春叶前开放；庭园观赏，丛植	华北至长江流域
连翘	Forsythia suspensa	木犀科	弱阳性，耐寒，耐旱，忌低湿	花紫色，香，花期4~5月；庭园观赏，草坪丛植	东北南部、华北、西北
金钟花	Forsythia viridissima	木犀科	阳性，耐寒，喜湿润土壤	花白色，花期6月；庭园观赏，庭荫树，园路树	东北、华北、西北
雪柳	Fontanesia fortunei	木犀科	阳性，耐寒，耐干旱	花黄色，花期3~4月叶前开放；庭园观赏，丛植	东北、华北、西北
枸杞	Lycium chinense	茄科	阳性，喜温暖气候，较耐寒	花金黄，花期3~4月叶前开放；庭园观赏，丛植	华北至长江流域
紫珠	Callicarpa dichotoma	马鞭草科	中性，耐寒，适应性强，耐修剪	花小白色，花期5~6月；绿篱，丛植，林带下木	东北南部至长江中下游

续表

中名	学名	科名	习性	观赏特性及园林用途	适用地区
海州常山	Clerodendrum trichotomum	马鞭草科	喜温暖、喜光，也耐阴、耐旱、耐瘠薄，耐盐碱	花淡紫色，花期5～10月；丛植作绿篱	全国各地
牡丹	Paeonia suffruticosa	毛茛科	中性，喜温暖气候，较耐寒	果紫色美丽，秋、冬，庭园观赏，丛植	华北、华东、中南
日本小檗	Berberis thunbergii	小檗科	耐寒，耐半阴，耐干旱，耐瘠薄土壤	花小而黄白色，单生或簇生，浆果椭球形，亮红色；观赏刺篱	华北、华东、中南
紫叶小檗	Berberis thunbergii 'Atropurpurea'	小檗科	中性，耐寒，要求排水良好土壤	花白、粉、红、紫，花期4～5月；庭园观赏	华北、西北、长江流域
花叶柳	Salix integra 'Hakuro nishiki'	杨柳科	中性，喜温暖湿润的环境，稍耐碱性土壤	株高3～4m，叶纸质、互生，春季新叶白色略透粉红；庭园观赏	华东、华南、华中
无花果	Ficus carica	桑科	阳性，耐寒、耐干旱，萌蘖性强	花白、黄色，花期5～7月，秋果红色；庭园观赏	南北各地

7. 藤本

中名	学名	科名	习性	观赏特性及园林用途	适用地区
铁线莲	Clematis florida	毛茛科	中性，喜温暖，不耐寒，半常绿	花白花，夏季；攀缘篱垣、棚架、山石	西北及华北地区
木通	Akebia quinata	木通科	中性，喜温暖，不耐寒，落叶	花暗紫色，花期4月；攀缘棚架、山石	长江流域以南地区
三叶木通	Akebia trifoliata	木通科	中性，喜温暖，较耐寒，落叶	花暗紫色，花期5月；攀缘篱垣、山石	华北至长江流域
五味子	Schisandra chinensis	五味子科	中性，耐寒性强，落叶	果红色，8～9月；攀缘篱垣、棚架、山石	东北、华北、华中地区
华中五味子	Schisandra sphenanthera	五味子科	耐阴，喜温暖气候，落叶	落叶藤本，小枝红褐色，密生隆起的皮孔。花期4～6月，果期6～10月	长江流域及其以南地区
七姊妹	Rosa multiflora 'Platyphylla'	蔷薇科	阳性，喜温暖，较耐寒，落叶	花深红、重瓣、花期5～6月；攀缘篱垣、棚架等	华北至华南地区

附录：种植设计常用树种和花卉

续表

中 名	学 名	科 名	习 性	观赏特性及园林用途	适用地区
木 香	Rosa banksiae	蔷薇科	阳性，喜温暖，较耐寒，适应性强，半常绿	花白或淡黄，芳香，花期4～5月；攀缘篱架等	华北至长江流域
紫 藤	Westeria sinensis	豆 科	阳性，耐寒，落叶	花堇紫色，花期4月；攀缘棚架、枯树等	南北各地
多花紫藤	Westeria floribunda	豆 科	阳性，喜温暖气候，落叶	花紫色，花期4月；攀缘棚架，枯树，盆栽	长江流域及其以南地区
常春藤	Hedera helix	五加科	阴性，喜温暖，不耐寒，常绿	绿叶长青；攀缘墙垣，山石，盆栽	长江流域及其以南地区
中华常春藤	Hedera nepalensis var. sinensis	五加科	阴性，喜温暖，不耐寒，常绿	绿叶长青；攀缘墙垣，山石等	长江流域及其以南地区
中华猕猴桃	Actinidia chinensis	猕猴桃科	中性，喜温暖，耐寒性不强，落叶	花白色，花期6月；攀缘棚架，篱垣，果树	长江流域及其以南地区
软枣猕猴桃	Actinidia arguta	猕猴桃科	耐寒，喜光充足	花黄色，花药紫色，攀缘棚架，篱垣	东北，西北及长江流域
葡 萄	Vitis vinifera	葡萄科	阳性，耐干旱，怕涝，落叶	果实紫红或黄白，果期8～9月；攀缘棚架，篱架，栅篱等	华北，西北，长江流域
地 锦	Parthenocissus tricuspidata	葡萄科	耐阴，耐寒，适应性强，落叶	秋叶红，橙色；攀缘墙面，山石，树干等	东北南部至华南地区
五叶地锦	Parthenocissus quinquefolia	葡萄科	耐阴，耐寒，喜温湿气候，落叶	秋叶红，橙色；攀缘墙面，山石，棚篱等	东北南部，华北地区
薜 荔	Ficus pumila	桑 科	耐阴，喜温暖气候，不耐寒，常绿	绿叶长青；攀缘山石，墙垣，树干等	长江流域及其以南地区
叶子花	Bougainvillea spectabilis	紫茉莉科	阳性，喜暖热气候，不耐寒，常绿	花红、紫，花期6～12月；掩覆墙面，山石，圆墙，廊柱	华南，西南地区
扶芳藤	Euonymus fortunei	卫矛科	耐阴，喜温暖气候，不耐寒，常绿	绿叶长青；攀附花格，墙面，山石干等	长江流域及其以南地区
胶东卫矛	Euonymus kiautschovicus	卫矛科	耐阴，喜温暖，稍耐寒，半常绿	绿叶红果；攀缘墙面，山石老树干	华北至长江中下游地区

续表

中名	学名	科名	习性	观赏特性及园林用途	适用地区
南蛇藤	Celastrus orbiculatus	卫矛科	中性、耐寒、性强健、落叶	秋叶红、黄色；攀缘棚架、墙垣等	东北、华北至长江流域
金银花	Lonicera japonica	忍冬科	喜光、也耐阴、耐寒、半常绿	花黄、白色、芳香、花期5~7月；攀缘小型棚架	华北至华南、西南
络石	Trachelospermum jasminoides	夹竹桃科	耐阴、喜温暖、不耐寒、常绿	花白色、芳香、花期5月、攀缘墙垣、山石	长江流域各地
凌霄	Campsis grandiflora	紫葳科	中性、喜温暖、稍耐寒、落叶	花橘红、红色、花期7~8月；攀缘墙垣、山石等	华北及其以南各地
美国凌霄	Campsis radicans	紫葳科	中性、喜温暖、耐寒、落叶	花橘红色、花期7~8月；攀缘墙垣、山石、棚架	华北及其以南各地
炮仗花	Pyrostegia ignea	紫葳科	中性、喜暖热、不耐寒、常绿	花橙红色、夏季；攀缘棚架、墙垣、山石等	华南地区
薯蓣	Dioscorea opposita	薯蓣科	耐寒、喜光	叶片三角状卵形、垂直绿化	华北、西北至长江流域
大血藤	Sargentodoxa cuneata	大血藤科	喜温暖、湿润、喜光亦稍耐半阴	紫红色茎枝、白黄色芳香花、蓝紫色果；攀缘棚架	长江流域
清风藤	Sabia japonica	清风藤科	喜温暖、耐半阴	花黄绿色、下垂、先叶开放。垂直绿化	华东、华南
北清香藤	Jasminum lanceolarium	木犀科	喜光、稍耐阴、不耐寒	花冠白色、花期4~10月；垂直绿化	华南地区
瓜馥木	Fissistigma oldhamii	番荔枝科	喜温暖、耐半阴	叶革质、倒卵状椭圆形或长圆形。花期4~9月；垂直绿化	华南地区
翼叶山牵牛	Thunbergia alata	爵床科	喜温暖、耐半阴	花淡黄色、花期5~6月；垂直绿化	华东、华南和西南等地

8. 竹类

中名	学名	科名	习性	观赏特性及园林用途	适用地区
孝顺竹	Bambusa multiplex	禾本科	中性、喜温暖湿润气候、不耐寒	秆丛生、枝叶秀丽、庭园观赏	长江以南地区
凤尾竹	Bambusa multiplex var. nana	禾本科	中性、喜温暖湿润气候、不耐寒	秆丛生、枝叶细密秀丽、庭园观赏、简植	长江以南地区

续表

中 名	学 名	科 名	习 性	观赏特性及园林用途	适用地区
慈 竹	Dendrocalamus affinis	禾本科	阳性，喜温湿气候及肥沃疏松土壤	秆丛生，枝叶茂盛；庭园观赏、护堤林	华中、西南地区
菲白竹	Pleioblastus argenteos	禾本科	中性，喜温暖湿润气候，不耐寒	叶有白色纵条纹；绿篱、地被、盆栽	长江中下游地区
毛 竹	Phyllostachys pubescens	禾本科	阳性，喜温暖湿润气候，不耐寒	秆散生，高大；庭园观赏、风景林	长江以南地区
桂 竹	Phyllostachys bambusoides	禾本科	阳性，喜温暖湿润气候，稍耐寒	秆散生；庭园观赏	淮河流域至长江流域
斑 竹	Phyllostachys bambusoides f. tanakae	禾本科	阳性，喜温暖湿润气候，稍耐寒	竹秆有紫褐色斑；庭园观赏	华北南部至长江流域
红壳竹	Phyllostachys iridenscen	禾本科	适应性强，耐水湿、耐干旱，喜土壤湿润、疏松	枝叶青翠，箨鞘鲜红色；庭园观赏	华东地区
罗汉竹	Phyllostachys aurea	禾本科	阳性，喜温暖湿润气候，稍耐寒	竹秆下部节间肿胀；庭园观赏	华北南部至长江流域
紫 竹	Phyllostachys nigra	禾本科	阳性，喜温暖湿润气候，稍耐寒	竹秆紫黑色；庭园观赏	华北南部至长江流域
淡 竹	Phyllostachys nigra var. henonis	禾本科	阳性，喜温暖湿润气候，稍耐寒	秆灰绿色；庭园观赏	长江流域及以南地区
早园竹	Phyllostachys propinqua	禾本科	阳性，喜温暖湿润气候，较耐寒	枝叶青翠；庭园观赏	华北至长江流域
黄槽竹	Phyllostachys aureosulcata	禾本科	阳性，喜温暖湿润气候，较耐寒	竹秆节间纵槽内黄色；庭园观赏	华北地区
人面竹	Phyllostachys aurea	禾本科	耐寒、耐热、喜光	竹秆中部以下数节节间缩短；观赏竹类应用最广的一种	黄河流域以南各省区
金镶玉竹	Phyllostachys spectabilis	禾本科	适应性强，能耐-20℃低温	沟槽绿色，"金"、"玉"交替，观赏竹种	华北、华东
方 竹	Chimonobambusa quadrangulari	禾本科	喜光，喜温暖湿润气候。适生于土质疏松肥厚的环境	节间略作四方形，表面具小疣而基粗糙；竹形态奇特，多栽培供观赏	华东、华南
唐 竹	Sinobambusa tootsik	禾本科	耐寒、耐热，喜光，喜温湿润的气候	生长密集，挺拔，姿态潇洒，常作庭园观赏	华南
阔叶箬竹	Indocalamus latifoliu	禾本科	阳性，喜温暖湿润的气候，耐寒性较差	叶片长椭圆形，圆锥花序；用作地被植于疏林下，也可植于河边护岸	山东、华东以长江流域以南各地
鹅毛竹	Shibataea chinensis	禾本科	喜温暖、湿润环境，稍耐阴、浅根性	叶广披针形，厚纸质，观赏或作地被	长江流域以南
斑苦竹	Arundinaria longintermodia	禾本科	喜温暖、湿润环境，稍耐阴	新秆绿色，厚被脱落性白粉；观赏竹种，片植效果好	西南、华南地区

9. 一、二年生花卉

中名	学名	科名	习性	观赏特性及园林用途	适用地区	观赏期
三色苋	Amaranthus tricolor	苋科	喜阳光、湿润及通风良好，不耐寒；耐旱，耐碱	叶卵状椭圆形至披针形，基部常暗紫色；丛植，花坛；花境；盆栽观叶	南北均有	6~10月
红绿草	Alternanthera bettzickiana	苋科	喜温暖，不耐酷热及寒冷，略耐阴；不耐干旱及水涝	叶小，对生，舌状全缘，叶绿色常具彩斑或色晕；模纹花坛材料	南北均有	5~11月
可爱虾钳菜	Alternanthera amoena	苋科	喜温暖，不耐酷热及寒冷，略耐阴；不耐干旱及水涝	茎平卧，叶披、基部下延，叶柄短，叶暗紫红色；模纹花坛材料	南北均有	5~11月
鸡冠花	Celosia cristata	苋科	喜炎热和空气干燥，不耐寒	栽培品种多，颜色丰富而鲜艳；花坛，花境；切花或干花	全国各地	夏季
凤尾鸡冠	Celosia cristata f. pyramidalis	苋科	喜炎热和空气干燥，不耐寒	栽培品种多，颜色丰富而鲜艳；花坛，花境；切花或干花	全国各地	夏季
千日红	Gomphrena globosa	苋科	喜温暖干燥，不耐寒	头状花序；花坛，花境；盆栽	南北各地	8~10月
大花马齿苋	Portulaca grandiflora	马齿苋科	喜温暖，光照充足	花色丰富；花坛；岩石园；草坪边缘；路旁丛植	全国各地	7~8月
麦仙翁	Agrostemma githago	石竹科	耐寒，耐干旱瘠薄	全株有白色长柔毛，花大而美；花坛，花境，岩石园	全国各地	夏秋季
红叶甜菜	Beta vulgaris var. cicla	藜科	喜光，宜温暖、凉爽的气候，较耐寒	叶色艳丽，红色；花坛；花境	全国各地	冬春
须苞石竹	Dianthus barbatus	石竹科	喜冷爽，光照充足，耐寒	花色丰富，常有复色品种；花坛，花境；切花	全国各地	5~6月
石竹	Dianthus chinensis	石竹科	喜凉爽，阳光充足，耐寒	花瓣先端浅裂呈牙齿状；花坛，路边及草坪边缘	全国各地	5~9月
高雪轮	Silene armeria	石竹科	喜阳光充足，温暖，耐寒	聚伞花序顶生；花坛；岩石园；地被；切花	全国各地	4~6月
矮雪轮	Silene pendula	石竹科	喜阳光充足，温暖，耐寒	花萼膨大成瓶状；花坛；岩石园；地被	全国各地	5月
飞燕草	Consolida ajacis	毛茛科	喜冷凉，阳光充足，较耐寒	植株具坚向线条；花境	全国各地	5~6月

附录：种植设计常用树种和花卉

续表

中名	学名	科名	习性	观赏特性及园林用途	适用地区	观赏期
花菱草	Eschscholtzia californica	罂粟科	喜凉爽，较耐寒	花大而艳丽；花坛；花境	华北，华东	5～6月
虞美人	Papaver rhoeas	罂粟科	喜凉爽，阳光充足，高燥通风	花大艳丽；花境	华北，华东	5～6月
大花亚麻	Linum grandiflora	亚麻科	喜半阴，不耐肥，较耐寒，喜排水良好	株态纤细优美；花丛；花境	全国各地	5～6月
亚麻	Linum usitatissimum	亚麻科	喜阳光充足，排水好的土壤	株形较高；道路绿化，庭院栽植	全国各地	秋季
福禄考	Phlox drummondii	花荵科	喜凉爽，阳光充足，不耐寒	株形低矮；花坛，花境，岩石园或作盆栽	全国各地	5～7月
屈曲花	Iberis amara	十字花科	喜冷凉，阳光充足，较耐寒	白色总状花序；花坛，花境，岩石园	华东，华中	5～6月
羽衣甘蓝	Brassica oleracea var. acephalea	十字花科	喜光照充足，凉爽，耐寒力不强，喜排水良好土壤	叶形态变化丰富；冬季花坛	长江流域及其以南地区	冬春
香雪球	Lobularia maritima	十字花科	喜冷凉，稍耐寒，忌炎热	总状花序，花朵密生，芳香；岩石园，地被，毛毡花坛，花境	华中，华东	3～6月或9～10月
诸葛菜	Orychophragmus violaceus	十字花科	耐寒性较强，适应性强	花蓝色；花境，草地缀花或岩石园	全国各地	2～6月
七里黄	Cheiranthus allionii	十字花科	耐寒，不耐炎热，喜阳光充足	花色；盆栽；切花	华中，华东	5月
桂竹香	Cheiranthus cheiri	十字花科	喜冷凉干燥，阳光充足，耐寒力弱	花黄色，植株较高，有芳香气味；花坛，花境，切花	华中，华东	4～5月
紫罗兰	Matthiola incana	十字花科	喜凉爽，通风，耐寒力弱	植株较高，花序大型；花坛	华中，华东	4～5月
彩叶草	Coleus blumei	唇形科	温暖，耐寒力弱	叶色丰富；盆栽，花坛	华东，华南	8～9月
一串红	Salvia splendens	唇形科	喜光，喜温暖湿润的气候，不耐霜寒	花期长，花色艳；花坛；花径；花丛；花群；盆栽	全国各地	5～7月或7～10月
粉萼鼠尾草	Salvia farinacea	唇形科	喜光，喜温暖湿润的气候，不耐霜寒	花丛，花蓝色，花群；花坛；盆栽	全国各地	7～9月
角堇	Viola cornuta	堇菜科	喜凉爽，忌高温，耐寒性强	花色丰富，品种多样；花坛	华东	春季

续表

中名	学名	科名	习性	观赏特性及园林用途	适用地区	观赏期
三色堇	Viola tricolor var. hortensis	堇菜科	喜冷爽气候，较耐寒，耐半阴	花色丰富，栽培品种多，草坪、花境边缘	华东、华南	4~5月
金鱼草	Antirrhinum majus	玄参科	喜凉爽，较耐寒，不耐酷热	总状花序顶生，苞片卵形；花坛；花境；花丛，花群；切花	华东、华中	5~6月，9~10月
夏堇	Torenia fournieri	玄参科	喜温暖气候，不畏炎热，喜半阴及温润环境	品种、色彩丰富，宜作花坛布置、特别是夏秋的花坛布置	华中、华南	夏秋
猴面花	Mimulus luteus	玄参科	喜凉爽，不耐寒	花朵艳丽有特点，花坛、草坪、花境、路边栽植	华东地区	冬春
蒲包花	Calceolaria herbeohybrida	玄参科	不耐寒，怕炎热；喜光及通风良好；喜温润	花冠下唇大并膨胀呈荷包状；室内盆花	全国各地	12月至翌年5月
毛蕊花	Verbascum thapsus	玄参科	耐寒，喜凉爽，喜光；耐干旱	花冠喉部凹入，花黄色，花坛、花境、岩石园及园林缘隙地丛植	华东、西南	5~6月
龙面花	Nemesia strumosa	玄参科	喜温和而凉爽气候，冬季不耐寒	花形优美、色彩鲜艳，为良好的花坛布置材料，亦可作盆花和切花	长江流域以南	6~9月
送春花	Godetia amoena	柳叶菜科	喜冷凉、湿润，耐寒性不甚强	穗状花序，小花紫色；花坛、花境	华东	5~6月
月见草	Oenothera biennis	柳叶菜科	喜阳光、高燥、不耐热	花黄色，具香味，傍晚开放；花坛	全国各地	6~9月
虾衣花	Callispidia guttata	爵床科	不耐寒，喜温暖，喜温暖	苞片颜色丰富；花坛、花境	华南	冬春季节
金苞花	Pachystachys lutea	爵床科	喜温暖、潮湿、不耐寒	苞片颜色金黄鲜艳；盆栽、花坛	华中、华北、华南、华东	春至秋
醉蝶花	Cleome spinosa	白花菜科	喜温暖通风，温暖湿润，不耐寒	花朵形态优美；花坛、花境	华东、华南	6~9月
心叶藿香蓟	Ageratum houstonianum	菊科	喜阴光充足，温暖湿润的环境，稍耐阴	花序优美，园艺品种丰富；花坛、花境	华东等地	夏秋季节
雏菊	Bellis perennis	菊科	较耐寒，喜冷凉	头状花序，花色丰富；花坛、花境	长江流域与华北地区	4~5月

附录：种植设计常用树种和花卉/177

续表

中名	学名	科名	习性	观赏特性及园林用途	适用地区	观赏期
金盏菊	Calendula officinalis	菊科	喜阳光，耐低温	金黄色的花朵，圆盘形，婷婷向上；花坛、花丛、花境、盆栽、切花	华东	3～5月
万寿菊	Tagetes erecta	菊科	稍耐寒，喜阴光充足，温暖	花色艳丽，花期长；花坛、花境、花丛	全国各地	6～10月
孔雀草	Tagetes patula	菊科	稍耐寒，喜阴光充足，温暖，耐半阴	花色艳丽，花期长；切花、花坛、花境、花丛	全国各地	6～10月
百日草	Zinnia elegans	菊科	喜光，耐半阴，不耐寒	花色艳丽，花期长；花坛、花境	全国各地	6～9月
黄晶菊	Chrysanthemum multicaule	菊科	喜阴光充足而凉爽的环境	开花茂密，耀眼别致；花期极长；花坛、花境	华东	早春至春末
白晶菊	Chrysanthemum paludosum	菊科	喜阴光充足而凉爽的环境	开花茂密，花小白色；花期极长；花坛、花境	华东	3～5月
矢车菊	Centaurea cyanus	菊科	较耐寒。喜冷凉，忌炎热；喜光	花色艳丽，多为蓝色系；花坛、地被、切花	华东、华中	6～8月
硫华菊	Cosmos sulphureus	菊科	喜温暖，凉爽，不耐寒	头状花序，花色艳丽；花丛、花群	南北均有	8～10月
大波斯菊	Cosmos bipinnatus	菊科	喜温暖，凉爽，不耐寒	花大、色泽鲜艳，花丛、花境、地被、切花	南北均有	6～10月
红花烟草	Nicotiana sanderae	茄科	喜温暖，耐寒；喜光	花大色艳，花坛、花境	华东、华中、华南	8～10月
矮牵牛	Petunia hybrida	茄科	喜温暖，不耐寒	植株低小，花大色艳；花坛、花境	南北均有	4～10月
羽叶鸢萝	Quamoclit pennata	旋花科	喜温暖，阳光充足，不耐寒	花朵星形，色彩艳丽；垂直绿化	各地均有	8～10月
六倍利	Lobelia erinus	桔梗科	性喜凉爽，忌霜冻	植株矮小，花色艳丽；花坛、花境	华东	春夏季
旱金莲	Torpaeolum majus	旱金莲科	喜温暖湿润，不耐寒；喜阳光充足，稍耐阴	花大，黄色；垂直绿化；花坛	华东、华南	7～9月或2～3月
紫堇	Corydalis edulis	紫堇科	不耐寒，忌酷热；喜半阴	花小紫色；林下地被；岩石园	长江流域	5～7月

10. 宿根花卉

中名	学名	科名	习性	观赏特性及园林用途	适用地区	观赏期
瞿麦	Dianthus superbus	石竹科	喜光，有一定的耐寒性和耐旱性	植株较高，圆锥花序；丛植，片植于山坡、草地、林缘、疏林下	华北、西北、华东	6~9月
常夏石竹	Dianthus plumarius	石竹科	喜凉爽及稍湿润，耐热，耐半阴	植株较矮小，栽培品种多；岩石园；切花	华北、西北、华东	6月
石碱花	Saponaria officinalis	石竹科	喜光，耐半阴，耐寒	聚伞花序顶生，粉红或白色；花境；丛植；地被	华东、华南	7~9月
大花剪秋罗	Lychnis fulgens	石竹科	喜阳、凉爽、高燥、耐旱	植株矮小，花黄色；自然式布置或丛植，片植	东北、华北	夏秋
牛舌草	Anchusa italica	紫草科	性喜温和湿润气候，夏季凉爽，忌高温	花冠蓝色；花坛、园景布置或切花	华东	5~6月
倒提壶	Cynoglossum amabile	紫草科	喜阳光，稍耐阴蔽，择土不严	具有灰绿色叶片及天蓝色花朵；岩石园；草坪边缘、路边	西南、华东等	4~8月
紫茉莉	Mirabilis jalapa	紫茉莉科	喜温暖、湿润、不耐寒	花期长，花色艳丽丰富；庭园丛植	全国各地	夏季
耧斗菜	Aquilegia vulgaris	毛茛科	宜较高的空气湿度	花型奇特，可用于岩石园、花坛、花境	华北	5~7月
银莲花	Anemone narcissifolia	毛茛科	喜冷凉，阳光充足，耐寒，忌高温炎热	总苞5枚不等大，花白或粉红色；花坛、花境、片植、盆栽	东北	5~6月
唐松草	Thalictrum minus	毛茛科	性耐寒、喜阳、也耐半阴	花小，总状圆锥花序可爱；岩石园	全国各地	春夏季
芍药	Paeonia lactiflora	毛茛科	喜阳光充足，极耐寒，忌夏季湿热	栽培品种丰富；花坛、花境、花境专类园	华东、华北	春夏季
荷包牡丹	Dicentra spectabilis	罂粟科	喜凉爽、耐寒、不耐高温	花形奇特，栽培品种丰富；花境	华北、华东	4~6月
东方罂粟	Papaver orientale	罂粟科	喜冷凉，耐寒性强	花色丰富而艳丽；花境	华北、华东	5~7月
美女樱	Verbena hybrida	马鞭草科	喜温暖、湿润、阳光充足、有一定耐寒性	花色艳丽；花坛和花境	长江流域以南	6~9月
细叶美女樱	Verbena tenera	马鞭草科	喜温暖、湿润、阳光充足、有一定耐寒性	株形矮小纤细；花坛和花境	长江流域以南	6~9月

续表

中名	学名	科名	习性	观赏特性及园林用途	适用地区	观赏期
宿根亚麻	Linum perenne	亚麻科	喜温暖、耐寒	株形纤细优美；花坛、花境、岩石园	东北、华北、华东	6～7月
随意草	Physostegia virginiana	唇形科	耐寒力强；喜阳光充足、湿润	穗状花序蓝色；花坛、花境、切花	各地均有栽培	7～9月
匍匐筋骨草	Ajuga reptans	唇形科	喜温和湿润气候、耐寒	植株匍匐地面；花境、林下地被	华北、西北、四川、浙江	4～8月
羽叶薰衣草	Lavandula pinnata	唇形科	冬季喜温暖湿润，夏季宜凉爽干燥	轮伞花序，花蓝色；花境	全国各地	6月
野薄荷	Mentha haplocalyx	唇形科	寒性强；喜阳光充足、湿润	叶色黄绿；坡地、潮湿地、道路旁种植	全国各地	8～9月
美丽月见草	Oenothera speciosa	柳叶菜科	喜日照充足、耐半阴、不耐寒	植株较高，花大，花小；花坛、花境、地被	华东	6～9月
山桃草	Gaura lindheimeri	柳叶菜科	喜凉爽及半湿润气候、较耐寒	穗状花序、地栽植草坪点缀、坡地栽植或护坡地被	华北、华中、华东	5～9月
丛生福禄考	Phlox subulata	花葱科	性强健、抗热，也极耐寒、抗干旱	花色丰富，毛毡花坛；岩石园材料、护坡地被	华中、华东	3～4月
钓钟柳	Penstemon campanulatus	玄参科	耐寒、喜凉爽、湿润	圆锥花序、花色丰富；岩石园	华东、华中	7～10月
毛地黄	Digitalis purpurea	玄参科	耐寒、耐干旱、喜阳且耐阴	花大，颜色鲜艳；花境、岩石园	长江流域	5～6月
风铃草	Campanula medium	桔梗科	稍耐寒、喜冷凉、忌炎热	花冠膨大，钟形，栽培品种多；花坛、花境、或作切花	华东	5～6月
桔梗	Platycodon grandiflorus	桔梗科	耐寒性强、喜凉爽、湿润、疏阴	花期长，花色美丽；岩石园或花坛、花境	华东、华中	6～9月
荷兰菊	Aster novi-belgii	菊科	耐寒性强、喜凉爽；需阳光充足和通风良好	头状花序，浓蓝紫色或白色；花坛、花境、花丛、盆栽	长江以南，长江以北	8～10月
紫菀	Aster tataricus	菊科	耐寒性强、喜凉爽；需阳光充足和通风良好	植株较高，花丛、花坛、花境	东北、华北	秋季

续表

中名	学名	科名	习性	观赏特性及园林用途	适用地区	观赏期
大花金鸡菊	Coreopsis grandiflora	菊科	性强健、耐寒、喜温暖、阳光充足	植株高，花大，黄色；花境，花坛，花丛	华北、华中、华东	6~9月
紫松果菊	Echinacea purpurea	菊科	耐寒，喜阳光充足，温暖，稍耐阴	筒状花突起似松果，花坛、丛植	南北均有	6~7月
宿根天人菊	Gaillardia aristata	菊科	耐寒性强、喜阳光充足、温暖	舌状花黄色，基部红褐色；丛植，花境，切花	华东、华北	6~10月
金光菊	Rudbeckia laciniata	菊科	耐寒、喜温暖；宜阳光充足	舌状花金黄色、倒披针形；丛植，群植，花境，草地边缘	华东等地	7~9月
黑心金光菊	Rudbeckia hirta	菊科	耐寒、喜温暖；宜阳光充足	花大、黄色，黑心；丛植，群植，花境，草地边缘丛植，切花	南北均有	6~9月
蓍草	Achillea sibirica	菊科	耐寒、宜温暖、湿润，喜阴、耐半阴	花色丰富，株形纤细；花坛，花境，林下地被	华东、华北	7~9月
罗马甘菊	Chamaemelum nobile	菊科	喜排水良好的沙质壤土；喜光、耐寒、耐干旱	花色高雅，芬芳宜人；花坛，盆栽或切花	华北、华东	夏季
三裂蟛蜞菊	Wedelia trilobata	菊科	性喜强健、极耐湿	花异型；舌状花黄色，作庭园绿化或地被植物	华南、华东	夏秋季
黄帝菊	Melampodium paludosum	菊科	喜较强光照与潮湿环境	花小、黄色；花坛、花境	华南、华东	自春至初冬
旋覆花	Inula japonica	菊科	耐寒、喜阳光充足、冷凉	花朵艳丽奇特；花境，庭园群植	全国大部分地区	夏季
蓝目菊	Arctotis stoechadifolia var. grandis	菊科	性喜温暖，阴性、不耐寒	花大、色艳、栽培品种多；花坛，花境	华东、华南	4~6月
紫叶鸭跖草	Setcreasea purpurea	鸭跖草科	喜温暖，较耐寒；喜阳光充足	叶为紫色，花小、浓紫色；花坛或地被	华东、华南	5~9月
射干	Belamcanda chinensis	鸢尾科	耐寒力强；喜阳光充足的干燥环境	叶片剑形、蓝绿色；花坛、花境、丛植、盆栽	原产中国	7~8月
马蔺	Iris ensata	鸢尾科	喜温暖、湿润和阳光充足环境	叶丛生，狭线形，花大、紫色；丛植、花境、作地被	原产中国	4~5月
德国鸢尾	Iris germanica	鸢尾科	喜温暖、耐寒性强	花大、鲜艳；花坛、花境、丛植	长江流域以南	5~6月

续表

中 名	学 名	科 名	习 性	观赏特性及园林用途	适用地区	观赏期
蝴蝶花	Iris japonica	鸢尾科	稍耐寒，喜半阴	花白色有花纹；花境，林下地被	长江流域以南	4～5月
溪荪	Iris sanguinea	鸢尾科	耐寒力强，喜阳光充足	叶线形，花白色或紫色；花境	华东、华南、华北	5～6月
鸢尾	Iris tectorum	鸢尾科	稍耐寒，喜半阴	叶二列状排列；花境，林下地被	长江流域以南	4～5月
花叶艳山姜	Alpinia zerumbet 'Variegata'	姜科	喜高温高湿，耐半阴	花弯近钟形，花冠白色；花境	华南	夏季
多叶羽扇豆	Lupinus ployphyllus	豆科	喜冷爽，忌炎热，喜阳光充足	花色丰富，花序大型；花坛；林缘丛植；切花	华南	春夏
蔓花生	Arachis duranensis	豆科	耐旱及耐热，对有害气体的抗性较强	花腋生，蝶形，金黄色；固土护坡植物	华南	春季至秋季
四季秋海棠	Begonia semperflorens	秋海棠科	喜温暖、湿润，半阴，不耐寒，忌干燥和积水	花序腋生，花红色至白色，品种多；盆栽；花坛	南方大部分地区	全年

11. 球根花卉

中 名	学 名	科 名	习 性	观赏特性及园林用途	适用地区	花期
花毛茛	Ranunculus asiaticus	毛茛科	喜凉爽，不耐寒	花大、色艳、栽培品种丰富；花坛；花带；盆栽；切花	南北各地	4～5月
大丽花	Dahlia pinnata	菊科	喜高燥，凉爽	花大、色艳；花坛、花境、庭院丛植、盆栽、切花	全国大部分地区	6～10月
风信子	Hyacinthus orientalis	百合科	喜温暖、湿润、阳光充足	花序大型、色彩丰富；布置林缘、草坪，花境及小径旁	长江流域以南	春季
黄精	Polygonatum sibiricum	百合科	喜阴，耐寒	花腋生，下垂，白色；林下地被，药用植物专类园	华南	春季
玉竹	Polygonatum odoratum	百合科	喜阴，耐寒	花腋生，下垂；林下地被	华南	5～6月
花贝母	Fritillaria imperalis	百合科	喜凉爽、湿润，稍耐寒	花大、色艳；花坛，自然丛植，或作切花	长江中下游地区	4～5月
卷丹	Lilium lancifolium	百合科	性耐寒，喜温暖干燥气候	花大、多为橙红色；花境，丛植，或作切花用	华南	7～8月

续表

中名	学名	科名	习性	观赏特性及园林用途	适用地区	花期
大花葱	Allium giganteum	百合科	喜凉爽和阳光充足	球状大伞形花序，淡紫色；作花境条植或丛植	华南、华东	5~6月
地中海绵枣儿	Scilla peruviana	百合科	适应性强，喜冷凉	花序大型，紫色；花坛、岩石园、盆栽	亚热带地区	春季
火炬花	Kniphofia uvaria	百合科	喜温暖，稍耐寒	栽培品种丰富；盆栽、花境	长江流域以南	春季
郁金香	Tulipa gesneriana	百合科	喜凉爽湿润，耐寒	栽培品种丰富，花大、色艳；花坛、花境、林缘及草坪边丛栽	全国大部分地区	3~5月
石蒜	Lycoris radiata	石蒜科	喜温暖，耐寒力强	花大、红色艳丽；林下地被	长江流域及以南地区	7~9月
忽地笑	Lycoris aurea	石蒜科	喜温暖，耐寒力强	花大、黄色；林下地被	中国中南部	8~10月
鹿葱	Lycoris squamigera	石蒜科	喜温暖，耐寒力强	叶丛生、花葶高、伞形花序；林下地被	华东、华北	8月
雪滴花	Leucojum vernum	石蒜科	喜凉爽湿润、耐寒，喜光、耐半阴	聚成伞形花下垂，阔钟形；林下、坡地及草坪边缘作地被	华东、华北	3~4月
红口水仙	Narcissus poeticus	石蒜科	喜夏季凉爽，耐寒	花大、白色、中橙色；丛植，或作切花	华东、华北	4~5月
喇叭水仙	Narcissus pseudonarcissus	石蒜科	耐寒，适应冬季冷和夏季干热的生态环境	花大、色艳，常用于花坛、岩石园及草坪丛植，也可用于盆栽观赏	华北地区可露地过冬	4~5月
橙黄水仙	Narcissus incomparabilis	石蒜科	喜湿润及阳光充足，耐半阴	红口水仙与喇叭水仙的杂交种；花坛、花境、疏林下、草坪上丛植	南北皆有	4月
蜘蛛兰	Hymenocallis speciosa	石蒜科	喜光照，温暖湿润，不耐寒	花白色、花朵奇特，有香气；花境、林下地被	华南、华东	夏秋季
文殊兰	Crinum asiaticum	石蒜科	喜温暖湿润，不耐寒	花被片线形，室内盆栽花卉	华南	夏季
朱顶红	Hippeastrum vittatum	石蒜科	喜温暖湿润，光照适中	花大色艳；室内盆栽花卉	华南、西南	夏季
网球花	Haemanthus multiflorus	石蒜科	喜温暖湿润环境，耐寒力弱	优良的室内盆花。南方室外丛植	华南、华东	6~7月
百子莲	Agapanthus africanus	石蒜科	不耐寒，宜半阴	顶生伞形花序，小花多，钟状漏斗形；花坛中心、盆栽	华南	7~8月

附录：种植设计常用树种和花卉 / 183

续表

中名	学名	科名	习性	观赏特性及园林用途	适用地区	花期
大花美人蕉	Canna generalis	美人蕉科	喜高温炎热，不耐寒	花大、色色；花境、盆栽	长江流域以南	7~10月
紫叶美人蕉	Canna warscewiczii	美人蕉科	喜高温和阳光充足，也能耐半阴	叶面紫色或淡黄色而叶脉绿色；花坛材料或盆栽观赏	长江流域以南	6~8月
花叶美人蕉	Canna generalis 'Striatus'	美人蕉科	喜高温、高湿，阳光充足的气候条件	金黄色的叶面间杂着细密的绿色条纹；适合在湿地、花径群植	长江流域以南	5~11月
球根秋海棠	Begania tuberhybrida	秋海棠科	喜温暖湿润	花色多样，栽培品种丰富；盆栽	华南、华东	夏秋季
丽格秋海棠	Begonia aelatior	秋海棠科	性喜冷凉，冷凉地区栽培为佳	花期长、花色丰富，枝叶翠绿；四季室内观花植物	全国各地	8~9月
马蹄莲	Zantedeschia aethiopica	天南星科	喜温暖，湿润和阳光充足环境	花大、白色，重要切花，也可盆栽观赏	华东、华南	12月至翌年5月
番红花	Crocus sativus	鸢尾科	喜温和凉爽环境	花柱血红色；花境、岩石园，疏林下地被及草坪边缘丛植	长江流域	9~10月
火星花	Crocosmia corcosmiflora	鸢尾科	喜温暖气候，耐寒	花冠漏斗形，橙红色；花境、花坛和庭院栽植	长江中下游地区	初夏至秋季
唐菖蒲	Gladiolus hybridus	鸢尾科	阳性，耐寒力强，喜水湿	蝎尾状聚伞花序，品种丰富，也可用于花坛、花境	南北皆有	4~5月

12. 水生花卉

中名	学名	科名	习性	观赏特性及园林用途	适用地区	花期
芡实	Euryale ferox	睡莲科	喜阳光充足，宜肥沃土壤	叶面绿色、皱缩，有光泽；水面绿化	南北均有	7~8月
荷花	Nelumbo nucifera	睡莲科	喜温暖，阳光充足，耐寒，宜肥沃土壤	花大，栽培品种丰富；水面绿化	南北均有	6~8月
萍蓬草	Nuphar pumilum	睡莲科	喜温暖，较耐寒；喜阳光充足，稍耐阴	花小、黄色，叶片圆形、浮水；水面绿化	南北均有	4~5月及7~8月
睡莲	Nymphaea tetragona	睡莲科	喜阳光充足，温暖	叶片圆形、浮水；水面绿化	南北均有	7~8月
白睡莲	Nymphaea alba	睡莲科	喜阳光充足，温暖	浮水植物，花芳香；水面绿化	南北均有	夏秋

续表

中名	学名	科名	习性	观赏特性及园林用途	适用地区	花期
香睡莲	Nymphaea odorata	睡莲科	喜阳光充足、温暖	花白色带粉红，芳香；水面绿化	南北均有	夏秋
蓝冠睡莲	Nymphaea capensis	睡莲科	喜阳光充足、温暖	花瓣星状，顶端蓝色较深；水面绿化	南北均有	夏秋
王莲	Victoria amazornica	睡莲科	喜高温及阳光充足，不耐寒	叶大，奇特，浮水；水面绿化	南北均有	夏秋
莼菜	Brasemia schreberi	睡莲科	性喜温暖、向阳	叶浮于水面，盾状着生；水面绿化	南北均有	夏秋
香菇草	Hydrocotyle vulgaris	伞形科	喜光照充足的环境，性喜温暖怕寒冷	叶盾形，叶脉放射状；水面绿化装饰或水族箱绿化装饰	大部分地区均有栽培	6～8月
荇菜	Nymphoides peltatum	龙胆科	性强健、耐寒、喜静水	伞形花序，小花黄色；水面绿化	南北均有	6～10月
香蒲	Typha latifolia	香蒲科	耐寒、喜阳光充足	花序暗褐色，圆柱状；盆栽或水面绿化	华北、华东	5～7月
泽泻	Alisma orientale	泽泻科	耐寒、喜温暖、阳光充足	沼生植物；可作水景园、沼泽园配植	南北各地	夏季
慈姑	Sagittaria sagittifolia	泽泻科	性喜阴光，适应性较强	叶形变化极大，通常呈戟形；可绿化水面，盆栽观赏	南北各地	夏季
水鳖	Hydrocharis dubia	水鳖科	稍耐寒，喜阳光充足，温暖，耐半阴	叶背中央有膨胀成的气室，可作水景园；绿化水面	西南、华东、华中	7～9月
水车前	Otelia alismoides	水鳖科	耐寒力弱，喜阳光充足，稍耐阴	叶聚生基部，叶形变化大；可作水生园	西南、华东、华中	7～9月
花叶芦竹	Arundo donax var. versicolor	禾本科	稍耐寒，喜温暖，阳光充足，水湿，不择土壤	叶具黄白色纵条纹；水边丛植，盆栽	长江流域及其以南	秋季
芦苇	Phragmites communis	禾本科	喜温暖，湿润及阳光充足。耐盐碱	高大草本，圆锥花序顶生；池塘岩边、潮湿低洼地及沼泽地绿化	南北均有	8～9月
芒	Miscanthus sinensis	禾本科	生于山坡或河边。喜阳光	叶片条形，丛生；水边丛植	南北各地	8～10月
斑叶芒	Miscanthus sinensis var. variegates	禾本科	喜光、耐半阴、耐寒、耐旱	叶具纵向条纹或黄色镶边；花坛镶边或水边丛植	华中、华南、华东及东北	7～8月

续表

中名	学名	科名	习性	观赏特性及园林用途	适用地区	花期
细叶芒	Miscanthus sinensis	禾本科	喜阴，耐半阴，耐旱	叶细长如丝；花坛镶边或花境；水边丛植	华北、华中、华南、华东	9~10月
荻	Miscanthus sacchariflorus	禾本科	耐旱、耐寒、耐涝	叶子长瓦形，紫色花穗；水边丛植，营造田野风光	东北、华北、西北	夏秋季
大油芒	Spodiopogon sibiricus	禾本科	喜生于向阳环境，对土壤要求不严	大型草本，圆锥花序大；水边丛植	南北各地	8~10月
蒲苇	Cortaderia selloana	禾本科	性强健，耐寒，喜温暖，阳光充足及湿润，对土壤要求不严	圆锥花序大，呈羽毛状，银白色；庭园栽培，或植于岸边	南北各地	夏秋季
菰白	Zizania caducifolora	禾本科	性喜生长于浅水中，喜高温	植株较高，浅水区绿化布置或水边丛植	南北各地	夏秋季
旱伞草	Cyperus alternifolius	莎草科	不耐寒，喜温暖、阴湿；耐旱，耐水湿	小花序穗状，聚成大复伞形花序；小型水景园及野趣园优良植物	南北各地	6~7月
水葱	Scirpus tabernaemontani	莎草科	耐寒，喜凉爽，湿润	聚伞花序顶生，下垂；水生园、盆栽	东北、华北、西南	6~8月
花叶水葱	Scirpus tabernaemontani var. zebrinus	莎草科	性喜温暖湿润	茎秆面黄绿相间，中有海绵状空隙组织；作水生园中湖、池水景点	东北、华北、西南	6~7月
藨草	Scirpus triqueter	莎草科	抗寒耐湿	叶片条形，色泽碧绿；水面绿化或岸边，池旁点缀	南北各地	6~7月
孔雀蔺	Scirpus cernuus	莎草科	耐寒力弱，喜温暖，湿润	密集伞形花序，近白色；植干浅水中	华南、西南	6~8月
菖蒲	Acorus calamus	天南星科	耐寒，喜温暖、湿润，阳光充足，耐阴	肉穗花序，花小、淡黄绿色；水景园、沼泽园、野趣园组景	南北各地	6~9月
石菖蒲	Acorus gramineus	天南星科	喜温暖，阴湿，忌干旱	有香气，叶剑状条形，栽植干阴湿小溪边或水边	华东、华中	4~5月
凤眼莲	Eichhornia crassipes	雨久花科	喜温暖，向阳，潮湿及富含有机质的静水	花被上有蓝紫色斑，斑中有黄眼点；可绿化园林水面，或作切花	南北各地	8~9月
雨久花	Monochoria korsakowii	雨久花科	喜温暖，潮湿及阳光充足，不耐寒，耐半阴	花茎高干叶丛，端生；绿化水面，盆栽	华北、华东、西南等地	7~9月

续表

中 名	学 名	科 名	习 性	观赏特性及园林用途	适用地区	花期
梭鱼草	Pontederia cordata	雨久花科	性喜温暖，耐高温。喜光照	叶具长柄，枪矛状三角形至卵形；适于水池、水盆、湿地、河塘美化	南北皆有	夏秋季
再力花	Thalia dealbata	竹芋科	喜高温高湿环境，不耐寒，喜半阴	叶柄极长，近叶基处暗红色，水边绿化	南北皆有	夏秋季
灯心草	Juncus effusus	灯心草科	常生于水旁潮湿处及林下沟旁	叶绿色，有纵条纹，质软；水边绿化，也可用于盆栽观赏	南北皆有	4~5月
花菖蒲	Iris kaempferi	鸢尾科	阴性，耐寒力强，喜水湿	花极大，花色丰富；花坛、水景园、沼泽园、专类园	南北皆有	6~7月
黄菖蒲	Iris pseudacorus	鸢尾科	阴性，耐寒力强，喜水湿	有大花形玫瑰黄色、白色、重瓣等品种；花坛、水景园、专类园	南北皆有	5~6月
千屈菜	Lythrum salicaria	千屈菜科	喜强光，水湿，耐寒性强	穗状花序玫瑰紫色，花境；水景园、沼泽园；切花、盆栽	全国各地	7~9月
金鱼藻	Ceratophyllum demersum	金鱼藻科	适应性强	沉水植物；有净水作用	华北、华东、华中及西南	7~9月
水罂粟	Hydrocleis nymphoides	花蔺科	喜温暖，阴湿	伞形花序，小花具长柄，罂粟状，花黄色；适于湿地、河塘美化	华东、华南	5~6月

13. 草坪植物

中 名	学 名	科 名	习 性	观赏特性及园林用途	适用地区	花期
狗牙根	Cynodon dactylon	禾本科	耐寒力弱、耐炎热、喜温暖；不耐阴	茎细圆而矮，匍匐地面；草坪地被	黄河流域以南	4~9月
结缕草	Zoysia japonica	禾本科	耐寒、抗旱性强；耐践踏；耐修剪	植株矮小，总状花序，优良运动场草坪	东北至华东	5月
马尼拉	Zoysia matrella	禾本科	耐寒，喜温暖，喜光，耐阴，抗旱性强	耐践踏，优良草坪地被植物	黄河流域以南	5月
草地早熟禾	Poa pratensis	禾本科	耐寒力强，喜凉爽，忌酷暑	叶细长柔软，冷凉型草坪植物	东北、黄河流域均有	6月
高羊茅	Festuca arundinacea	禾本科	性喜寒冷潮湿、温暖的气候	耐践踏，应用于运动场草坪利防护草坪	华北、华东	5~6月

附录：种植设计常用树种和花卉

续表

中 名	学 名	科 名	习 性	观赏特性及园林用途	适用地区	花期
匍匐剪股颖	Agrostis stolonifera	禾本科	耐寒性强，喜冷凉、潮湿，忌炎热，耐阴	秆基部平卧地面，具匍匐茎，节上生根。耐践踏，绿色期长	华东、华北	6～7月
多花黑麦草	Lolium multiflorum	禾本科	喜冬季温暖、夏季凉爽，不耐寒	穗状花序有芒；草坪地被	华东、华南	6～7月
假俭草	Eremochloa ophiuroides	禾本科	稍耐寒、喜温暖、阳光充足、稍耐半阴；耐旱；耐践踏、耐修剪	叶线形、扁平、端钝，总状花序单生秆顶	长江以南	7～8月
野牛草	Buchloe dactyloides	禾本科	耐寒。耐贫瘠土壤	叶线状，密被细柔毛；草坪地被	华北、西北	6～7月
地毯草	Axonopus compressus	禾本科	耐旱性强，耐寒性强	节常被灰白色柔毛；草坪地被	华南	5～6月

14. 地被植物

中 名	学 名	科 名	习 性	观赏特性及园林用途	适用地区	花期
鱼腥草	Houttuynia cordata	三白草科	喜生于阴湿处或近水边	有腥臭的草本。叶心形；林下地被	华东、华南、华中、西南	5～7月
花叶鱼腥草	Houttuynia cordata var. variegata	三白草科	较耐寒、喜半阴和潮湿土壤	叶面夹杂金黄色斑块；林下地被	华东、华南、华中、西南	5～7月
虎耳草	Saxifraga sarmentosa	虎耳草科	喜阴湿、温暖的气候，耐阴	叶具白色网状脉纹，下面紫红色；林下地被	秦岭以南各地均有	夏季
垂盆草	Sedum sarmentosum	景天科	较耐寒；喜稍阴湿	三叶轮生、倒披针形至长圆形；地被；花坛镶边；配植于毛毡花坛	东北、华北、华东	4～5月
佛甲草	Sedum lineare	景天科	较耐寒；喜稍阴湿	叶小、肉质、披针形；地被	华东、华南、西南等	4～5月
八 宝	Hylotelephium erythrostictum	景天科	耐寒；喜阳光充足	肉质草本，花桃红色；花坛、花境及岩石园，也可作地被植物	华东、华南、西南等	8～9月
白花三叶草	Trifolium repens	豆 科	阳性，喜温暖、耐热、耐寒	叶有白色花纹；花坛、花境及岩石园	南北皆有	4～6月
红花酢浆草	Oxalis rubral	酢浆草科	喜温暖、不耐寒、忌炎热	成丛生长，花期较长；观赏地被；花坛、岩石园；盆栽	各地均有	10月至翌年3月

续表

中名	学名	科名	习性	观赏特性及园林用途	适用地区	花期
紫叶酢浆草	Oxalis triangularis	酢浆草科	中性、喜温暖、稍耐阴	叶紫色；观花地被	各地均有	6月至翌年3月
天胡荽	Hydrocotyle sibthorpioides	伞形科	阴性；性喜温暖至高温	茎细长而匍匐；林下地被	华东、华中、华南、西南	5~9月
马蹄金	Dichondra repens	旋花科	中性、耐阴力较强。对土壤要求不严	具匍匐茎，叶小、可爱；花坛、山石园	华东、华中	夏秋
活血丹	Glechoma longituba	唇形科	耐寒；耐半阴；喜湿润；对土壤要求不严	叶心形、被毛，疏林下地被	西北、华东、华中、西南等	6~9月
花叶活血丹	Glechoma longituba 'Variegata'	唇形科	耐寒；耐半阴；喜湿润；对土壤要求不严	叶缘有不规则白色斑纹；疏林下地被	西北、华东、华中、西南等	6~9月
牛至	Origanum vulgare	唇形科	耐寒；耐半阴	花冠紫红色或白色；地被	华东、西南	7~11月
穗花婆婆纳	Veronica spicata	玄参科	喜光、耐半阴	花蓝色或粉色、顶生总状花序；花坛、切花	各地均有	6~8月
金线石菖蒲	Acorus gramineus 'Variegata'	天南星科	喜温暖、湿润、半阴环境	叶及叶心有金黄色线条；林下地被或种在湿地栽植	黄河流域以南	2~4月
白穗花	Speirantha gardenii	百合科	喜凉爽、湿润、耐寒	叶基簇猴、总状花序；优良的地被植物	华东地区	6月
老鸦瓣	Tuplipa edulis	百合科	喜光、适应性强	花小、花瓣细长；地被植物	长江流域	2~3月
万年青	Rohdea japonica	百合科	喜温暖、较耐寒、喜半阴及湿润环境、忌强光	叶绿喜人；疏林下地被、盆栽、或作切叶	全国均有	6~7月
萱草	Hemerocallis fulva	百合科	性耐寒、亦耐干旱与半阴	花大、有多种栽培品种；花境、路旁、也可作疏林地被植物	华东、华中均有	夏季
沿阶草	Ophiopogon japomicus	百合科	喜温暖、湿润、稍耐寒	花坛、花境边缘、岩石园	长江流域以南	8~9月
阔叶麦冬	Liriope palatyphylla	百合科	较耐寒、喜阴湿	配置假山石、林下地被	南北均有	7~8月
玉簪	Hosta plantaginea	百合科	性强健、耐寒、喜阴湿、忌强光直射	小花漏斗形、白色、具浓香；林下地被及阴处的基础种植	南北均有	6~7月
紫萼	Hosta ventricosa	百合科	性强健、耐寒、喜阴湿、忌强光直射	花淡紫色、状小、无香味；林下地被及阴处的基础种植	南北均有	6~7月

续表

中名	学名	科名	习性	观赏特性及园林用途	适用地区	花期
铃兰	Convallaria majalis	百合科	喜冷凉，湿润及半阴，耐寒，忌炎热和干燥	花小、钟状下垂、芳香；林下地被植物，盆栽或作切花	华北、东北、西北	5月
油点草	Tricyrtis macropoda	百合科	耐阴，喜排水良好的环境，疏松、富含腐殖质的土壤	叶互生，有透明油点；适宜花境、宿根园、岩石园栽植	华东、华南、西南	夏季
白芨	Bletilla striata	兰科	喜温暖而凉爽湿润的气候，稍耐寒；喜半阴	总状花序顶生，花淡紫红色；石园、与山石配植，丛植于林下	西南、中南、华东等地	3～5月
蛇莓	Duchesnea indica	蔷薇科	喜光及温暖湿润，较耐寒	三出复叶，小叶片近无柄，菱状卵形或倒卵形；地被	辽宁南部以南各省	4～5月
老鹳草	Geranium wilfordii	牻牛儿苗科	喜凉爽、湿润，耐寒、忌炎热，适应性强	叶具毛。花序腋生，着花2朵，淡红色；丛植或作地被	东北、华北及华东地区	7～8月
顶花板凳果	Pachysandra terminalis	黄杨科	喜湿润、温暖的环境。耐阴、忌日晒，耐寒	叶薄革质，花序顶生，直立，花白色；岩石园、地被植物，亦可作盆栽	华东、华南	4～5月
草原龙胆	Eustoma grandiflorum	龙胆科	喜温暖、湿润环境，但忌水湿，较耐寒	株态轻盈，花色雅致明快，多用作切花或盆花观赏	南方各地	5～10月
金叶过路黄	Lysimachia nummularia 'Aurea'	报春花科	性强健、耐寒，喜生于林下半阴处及山谷阴湿地带	单叶对生，近正圆形，基部心形	长江流域露地越冬	6～7月
点地梅	Androsace umbellate	报春花科	喜温暖、湿润，较耐寒；喜阳光充足，不耐阴	全株被白色长柔毛，伞形花序，小花白色；岩石园、地被，盆栽	西南及西北地区	4～5月
花点草	Nanocnide japonica	荨麻科	不择土壤，适应性强	叶三角形至扇形，花淡紫色，密集；可作观赏地被或作盆景	长江流域中、下游诸省	4～7月
黄海棠	Hypericum ascyron	桃金娘科	阳性，略耐阴，稍耐寒。性强健，忌积水	叶卵形披针形，聚伞花序顶生，花大，金黄色；可丛植作花带或花篱	东北和黄河、长江流域	8～9月
黄六出花	Alstroemeria aurantiaca	石蒜科	阳性，喜温润、凉爽的环境及肥沃、排水良好的砂壤土	叶表亮绿色，花色鲜艳，橙黄色，具紫褐色斑点及条纹，适干花坛、花境应用	华南、西南	夏季
繁缕	Stellaria media	石竹科	喜温和湿润的环境，较耐阴	茎纤细，蔓延地上，林下、聚伞花序、田边、路旁的绿化材料	全国各省区	2～4月

参 考 文 献

[1] (英)Brian clouston 主编. 风景园林植物配置. 陈自新，许慈安译. 北京：中国建筑工业出版社，1992.
[2] 陈有民. 园林树木学. 北京：中国林业出版社，1988.
[3] 何平，彭重华著. 城市绿地植物配置及其造景. 北京：中国林业出版社，2001.
[4] 胡洁，吴宜夏，张艳. 北京奥林匹克森林公园种植规划设计. 中国园林，2006(6).
[5] 黄树兵，李筑苏. 长沙市行道树的调查. 湖南农业科学，2001，2(12).
[6] 李海梅. 沈阳市行道树树种的选择与配置. 生态学杂志，2003，22(5).
[7] 刘少宗. 景观设计综论——园林植物造景. 天津：天津大学出版社，2003.
[8] 吕先忠，李根有. 杭州市行道树现状调查及布局设想. 浙江林学院学报，2000，17(3).
[9] (美)南希·A·莱斯辛斯基著. 植物景观设计. 卓丽环译. 北京：中国林业出版社，2004.
[10] 彭一刚. 中国古典园林分析. 北京：中国建筑工业出版社，1986.
[11] 任高. 浅谈太原市行道树种的选择. 科技情报开发与经济，2007，17(12).
[12] 苏雪痕. 植物造景. 北京：中国林业出版社，1994.
[13] 孙筱祥. 园林艺术及园林设计. 北京：北京林业大学讲义，1978.
[14] 王向荣，林菁. 西方现代景观设计的理论和实践. 北京：中国建筑工业出版社，2002.
[15] 王玉晶，杨绍福等著. 城市公园植物造景. 沈阳：辽宁科技出版社，2003.
[16] 吴诗华，李萍. 谈合肥市园林的植物造景. 中国园林，1987(4).
[17] (日)新田伸三著. 栽植的理论和技术——环境绿地. 赵力正译. 北京：中国建筑工业出版社，1982.
[18] 尹吉光. 图解园林植物造景. 北京：机械工业出版社，2007.
[19] 余树勋. 花园设计. 天津：天津大学出版社，1998.
[20] 余树勋. 园林美与园林艺术. 北京：中国建筑工业出版社，2006.
[21] 张吉祥编著. 园林植物种植设计. 北京：中国建筑工业出版社，2001.
[22] 赵世伟，张佐双. 园林植物种植设计与应用. 北京：北京出版社，2006.
[23] 赵耘，周学良. 昆明市主城区行道树养护质量调查与评价. 西南林学院学报，2006，4(26).
[24] 朱建宁. 自然植物景观设计的发展趋势. 湖南林业，2006(1).
[25] 朱仁和，金涛等著. 城市道路广场植物造景. 沈阳：辽宁科技出版社，2003.
[26] 朱有玠. 园林意境. 中国大百科全书总编辑委员会本卷编委会，中国大百科全书出版社编辑部编. 中国大百科全书——建筑 园林 城市规划. 北京：大百科全书出版社，1988.
[27] 朱均珍等. 杭州园林植物配置. 北京：城乡建设杂志社，1981.
[28] 朱均珍. 中国园林植物景观艺术. 北京：中国建筑工业出版社，2003.
[29] 马军山. 现代园林种植设计研究. 北京林业大学博士学位论文，2005.
[30] 王欣. 传统园林种植设计理论研究. 北京林业大学博士学位论文. 2005.
[31] (美)诺曼·K·布思著. 风景园林设计要素. 曹礼昆，曹德鲲译. 北京：中国林业出版社，1989.